# 琅琊山蝴蝶


顾　问　张子非　刘子豪　巴小明　张　培　刘心宏

主　编　董　艳　诸立新

副主编　汪佳佳　吴云飞　谭中元

编　委　王亚东　朱诗嘉　郭凯鑫　韩　剑　陈蒙蒙
张威龙　方　晨　李娜娜　凡　浩　孙海芳
王锡成　毛　林　欧永跃

中国科学技术大学出版社

## 内 容 简 介

本书为生态环境部横向委托课题和滁州市生态环境局调查项目资助成果。首次对琅琊山国家森林公园蝶类资源进行系统性的描述，为林区内蝴蝶的本底资源调查和生物多样性保护提供了重要的基础资料。全书共6个部分：绪论部分是对蝴蝶的介绍；后面5个部分按凤蝶科、粉蝶科、蛱蝶科、灰蝶科、弄蝶科分类，共记述蝴蝶67属102种，为每一种蝴蝶提供标本照片及野外生态照片，介绍其发生期情况，以展示琅琊山丰富的蝶类资源。

本书学术性、趣味性俱佳，旨在增强人们对生态环境保护和可持续发展的科学意识。既可作为蝴蝶专业研究人员的参考资料，也可作为青少年认识和了解蝴蝶的科普读物。

**图书在版编目(CIP)数据**

琅琊山蝴蝶 / 董艳，诸立新主编. -- 合肥 ：中国科学技术大学出版社，2024. 9. -- ISBN 978-7-312-06057-1

Ⅰ. Q969.42

中国国家版本馆 CIP 数据核字第 20249RW856 号

**琅琊山蝴蝶**

LANGYASHAN HUDIE

**出版** 中国科学技术大学出版社
安徽省合肥市金寨路96号，230026
http://press.ustc.edu.cn
https://zgkxjsdxcbs.tmall.com

**印刷** 安徽联众印刷有限公司

**发行** 中国科学技术大学出版社

**开本** 787 mm×1092 mm 1/16

**印张** 10.25

**字数** 195千

**版次** 2024年9月第1版

**印次** 2024年9月第1次印刷

**定价** 180.00元

# 目　　录

## 0　绪　　论



## 1　凤蝶科 Papilionidae

## 2 粉蝶科 Pieridae



## 3 蛱蝶科 Nymphalidae

## 4 灰蝶科 Lycaenidae

# 0 绪　论

## 0.1　琅琊山国家森林公园概况

### 0.1.1　地理位置

欧阳修在《醉翁亭记》开篇写道:“环滁皆山也。其西南诸峰,林壑优美,望之蔚然而深秀者,琅琊也。”这里的琅琊即琅琊山。1985年12月,国务院林业部批准在琅琊山建立“安徽省琅琊山森林公园”,为国家10个重点森林公园之一;1988年8月,琅琊山成为国务院公布的国家重点风景名胜区;2001年1月,成为全国首批国家AAAA级旅游景区;2024年2月6日,被中国文化和旅游部列为国家AAAAA级旅游景区。

琅琊山国家森林公园北门

琅琊山国家森林公园位于安徽省滁州市琅琊区西南部，紧靠滁州市区，包含多座山峰，主峰小丰山海拔321米。公园地理坐标位于东经118°07′35″—118°18′21″、北纬32°15′17″—32°21′49″，面积约4867公顷。

琅琊山国家森林公园琅琊阁远景

## 0.1.2 自然环境

### 1. 地质地貌

琅琊山古称摩陀岭，由东晋元帝司马睿而得名；系大别山向东延伸的一支余脉，位于江淮之间的低山丘陵地带，在古生代寒武纪、奥陶纪的海中沉积了近3000米的碳酸盐岩。距今4亿年后，琅琊山随地壳运动上升为陆地，并在中生代三叠纪期间经历了褶皱及断裂构造的形成。琅琊山的岩层主要由震旦纪的灰岩和寒武纪、奥陶纪的石灰岩组成，并含有化石。岩层走向呈北东—南西分布，沿丰山—赵家山两侧构成了醉翁山向斜，而沿尖山—鸡爪山一带则形成了背斜。

该区域还发育了断裂构造，断层主要走向多为北东—南西。地貌上，琅琊山属于低山丘陵岩溶地貌，山势西南高、东北低，山坡坡度平缓，沟谷发育。岩溶地貌普遍岩溶化，形成了岩溶沟槽、石芽、小型岩溶洼地等特征。此外，该地区还有凤凰山、赵家山等古采坑。

### 2. 气候

琅琊山属北亚热带向暖温带过渡的湿润季风气候区，具有季风明显、四季分明、气候温和、雨量充沛等特点。琅琊山年平均气温为15.2 ℃，冬季最冷的三个月的各月平均气温在1.5~4.5 ℃之间，夏季最热的两个月的平均气温在27~28 ℃之间。年降水量约为1050毫米，春夏季降水较多，秋冬季较少；冬季气候干燥寒冷，偶有雨雪，全年无霜期超过218天。琅琊山良好的气候条件，塑造了“四时之景不同”的景观，同时也为林木繁衍和动物栖息提供了良好的条件。

琅琊山国家森林公园醉翁亭

### 3. 水文

琅琊山水文地理位置属长江流域滁河水系清流河支流小沙河上游，面积坡度230分米/平方千米左右。植物覆盖率在东麓要高于西麓，水土保持情况良好。主体出露的基岩为寒武、奥陶纪灰岩，是区内主要含水层。山泉甚多，泉水晶莹，清澈涟漪，甘甜滋润。大小泉多数为间歇泉，其中最为著名的是“让泉”，淙淙溪流汇聚为醉翁潭，水域面积约为1000平方米。

### 4. 植被

琅琊山地处暖温带，落叶、阔叶林南端和亚热带、常绿落叶林带的北部边缘，为南北植被类型的过渡地带。森林覆盖率达85%以上，已识别出的植物有153科672种，植物类名贵中药140余种，被誉为“天然药圃”。林地植被为天然次生林和人工林、针叶林和阔叶林相互交错，呈块状、带状混交体系。其中，醉翁亭、琅琊寺一带连绵3000米分布的天然次生林，树龄都在百年以上，大多集中在古典建筑与寺庙周围，古刹巨树，华荫如盖，蔚为壮观。

琅琊山国家森林公园深秀湖

# 0.2 蝴蝶

蝴蝶隶属于昆虫纲(Insecta)类脉总目(Amphiesmenoptera)鳞翅目(Lepidoptera)有喙亚目(Glossata)双孔次亚目(Ditrysia),因其美学价值和象征意义而深受公众喜爱。蝴蝶的分布较广,对气候和栖息地的变化敏感且能迅速做出反应,因此,蝴蝶是评价生态系统健康状况和监测生态环境变化的有效指示物种。

## 0.2.1 蝴蝶的分类

按照传统的分类系统,蝴蝶被归类为鳞翅目,锤角亚目(Rhopalocera),包括弄蝶总科(Hiesperioidea)和凤蝶总科(Papilionoidea)。随着鳞翅目昆虫系统发育研究发展,综合比较幼虫期形态、成虫解剖特征、寄主植物和DNA序列等信息来推演分类关系,喜蝶被重新归为蝶类。因此,目前国际流行的分类系统将蝴蝶分为1总科7科,即凤蝶总科(Papilionoidea),包含凤蝶科(Papilionidae)、喜蝶科(Hedylidea)、弄蝶科(Hesperiidae)、粉蝶科(Pieridae)、蛱蝶科(Nymphalidae)、蚬蝶科(Riodinidae)和灰蝶科(Lycaenidae)。

## 0.2.2 蝴蝶的生活史

蝴蝶属于完全变态类昆虫,它们的生命周期包括卵、幼虫、蛹和成虫(蝴蝶)四个阶段。

### 1. 卵

蝴蝶的卵形状各不相同,包括球形、半球形(如凤蝶)、甜瓜形(如蛱蝶)、半圆形(如弄蝶)、塔形、纺锤形(如粉蝶)以及扁圆形(如灰蝶)等。蝴蝶的卵表面被覆有卵壳,顶端中央具有一个凹陷的小孔,称为精孔,卵受精时精子通过精孔进入卵内部。蝴蝶的卵表面既有较为光滑的,也有具有纵脊、网纹、凹刻或小突起的特征。

### 2. 幼虫

蝴蝶幼虫的形态通常呈蠋型或蛞蝓型,身体分为头部、胸部和腹部。幼虫共有13个体节,其中胸部有3节,腹部有10节,表皮较柔软,节间膜具有较强的伸缩能力。幼虫通常会经历5个龄期和4次脱皮。在完成了取食和生长任务后,它们会寻找合适的地方,用丝固定住身体,然后开始脱皮并变成蛹。

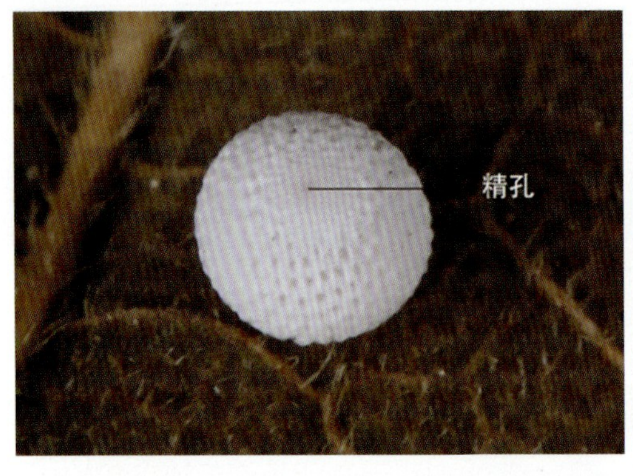


冰清绢蝶 *Parnassius glacialis* 半球形的卵

点玄灰蝶 *Tongeia filicaudis* 扁圆形的卵

斐豹蛱蝶 *Argynnis hyperbius* 甜瓜形的卵

黄尖襟粉蝶 *Anthocharis scolymus* 塔形的卵

蠋型幼虫(斐豹蛱蝶 *Argynnis hyperbius*)

蛞蝓型幼虫(亮灰蝶 *Lampides boeticus*)

3. 蛹

蝴蝶的末龄幼虫在生长到一定阶段后会停止取食，并排出体内未完全消化的食物和粪便，然后爬行到合适的地点，吐丝将身体固定好，进入预蛹状态。在这个阶段下，虫体变得半透明，有些种类甚至会在预蛹状态下越冬。预蛹期之后，接下来就是化蛹阶段，需要1~2天时间，蛹体表面会硬化并着色定型。当蛹发育接近

完成时，蝴蝶复眼的颜色以及翅膀上的斑纹会逐渐显现，这表明蝴蝶即将破蛹而出，这一过程称为羽化。

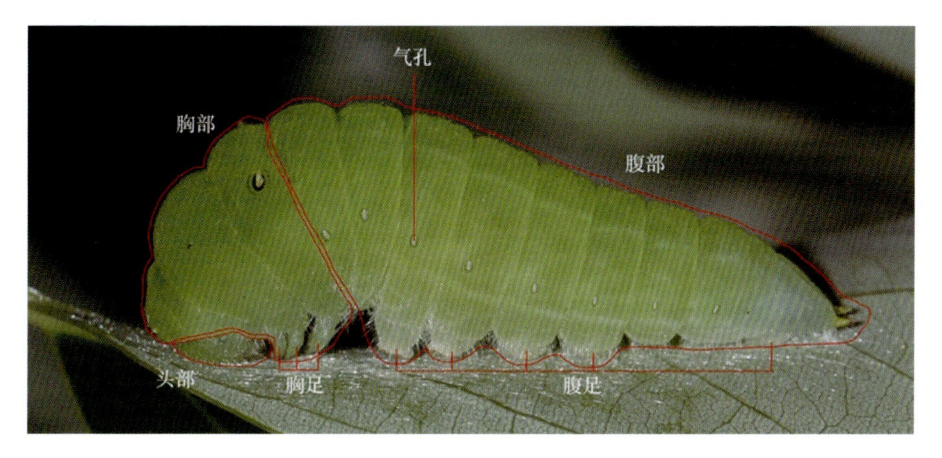


蝴蝶幼虫的形态（青凤蝶 *Graphium sarpedon*）

蛹（青凤蝶 *Graphium sarpedon*）

即将羽化的蛹（青凤蝶 *Graphium sarpedon*）

### 4. 成虫

和其他昆虫一样，蝴蝶成虫的身体由头部、胸部和腹部组成。头部顶端有一对触角；两侧有一对较大的复眼；下部有虹吸式口器，俗称喙管，口器的基部有下唇须。胸部分为前胸、中胸和后胸，每部分都有一对足，称为前足、中足和后足。中胸和后胸各有一对翅，分别称为前翅和后翅，通常为三角形，具有明显的三个角（即基角、顶角和内角或臀角）和三条边（即前缘、外缘和内缘或后缘）。翅脉在提供支持的同时也起着骨干作用，蝴蝶有许多纵脉（主脉）和少数横脉。前后翅脉纹的分布（称为脉序），在不同的科、属之间有明显差异，具有重要的分类价值。在本书中，翅脉和翅室的描述采用了Comstock-Needham命名系统。腹部包含了蝴蝶大部分的内脏器官，两侧具有用于呼吸的气孔，末端特化为外生殖器，其骨质化的结构是重要的形态分类依据。

蝴蝶成虫的各个部分(白带螯蛱蝶 *Charaxes bernardus*)

## 0.3 琅琊山蝶类多样性资源调查与监测

生物多样性是地球上生命经过几十亿年发展进化的结果，是人类赖以生存和发展的物质基础。生物多样性不仅为人类提供维系生存的食物资源，还提供了有效的医药资源、可再生的工业原料和能源以及稳定的生态系统，因此，对生物多样性的保护和可持续利用是人类的根本利益所在。2021年10月11日，《生物多样性公约》第十五次缔约方大会第一阶段会议在云南昆明召开，该会议深刻阐释保护生物多样性、共建地球生命共同体的重大意义，标志着生物多样性全球治理进入了新的时代。

因为对环境变化敏感，蝶类非常适合用来观测环境变化趋势、生态健康状况、人类活动对生态系统的干扰程度等，所以蝶类成为重要的生态环境指示物种之一。英国早在1976年就开始了蝴蝶观测，持续发展合并构成一个长期运行的蝴蝶监测计划(Butterfly Monitoring Scheme，UKBMS)。目前，已有众多的蝴蝶监测项目在全球范围内展开，美国、澳大利亚、日本等国家均有大范围的蝴蝶监测项目正在实施。

自20世纪90年代以来，滁州学院生物多样性团队诸立新教授和许雪峰教授开始对琅琊山国家森林公园的蝴蝶资源进行调查，于1998年首次正式刊出关于琅琊山国家森林公园的蝶类资源初探结果：共采集到蝴蝶37属53种。在1998—2015年，团队持续地对琅琊山国家森林公园的蝶类进行调查和监测。2016年，生态环境部启动了以蝴蝶为生态指示物种的全国生物多样性观测示范项目，并建立了全国蝴蝶观测网络(China BON-butterfies)。琅琊山国家森林公园为安徽蝶类示范观测五个代表性样区之一，滁州学院生物多样性团队承担了该观测项目。

2016—2019年，琅琊山国家森林公园的蝴蝶监测工作严格按《生物多样性观测技术导则：蝴蝶》(《Technical Guidelines for Biodiversity Monitoring-Butterflies》)中有关规范和要求执行。在为期三年的蝶类多样性动态监测过程中，蛱蝶科无论是数量还是种类均居首位；数量前五位的蝶类为柑橘凤蝶(*Papilio xuthus*)、密纹矍眼蝶(*Ypthima multistriata*)、猫蛱蝶(*Timelaea maculata*)、黑脉蛱蝶(*Hestina assimilis*)和朴喙蝶(*Libythea lepita*)。常见的大型蝶类为中华麝凤蝶(*Byasa confuses*)、碧凤蝶(*Papilio bianor*)、蓝凤蝶(*Graphium sarpedon*)和柑橘凤蝶(*Papilio xuthus*)等；珍稀蝶类有中华虎凤蝶(*Luehdorfia chinensis*)(国家二级保护动物)、冰清绢蝶(*Parnassius glacialis*)等。滁州学院生物多样性团队历时20余年，对琅琊山国家森林公园的蝶类资源进行了深入而系统的调查与采集，总计观测到蝴蝶102种，隶属于5科67属。

自2020年以来，滁州市生态环境局、滁州市林业局联合滁州学院生物多样性团队，对滁州市生物多样性进行调查。2022年，安徽省委办公厅和安徽省人民政府办公厅印发的《关于进一步加强生物多样性保护的实施意见》，推进提升了我省生物多样性保护水平。滁州学院生物多样性团队将结合传统监测方法和新技术新手段，对滁州市蝶类等生态指示物种资源进行持续性调查，提出保护对策，加强生物资源的合理开发和持续利用，提升公众生物多样性保护意识，为滁州市及安徽省生态文明高质量发展贡献一份力量。

滁州学院生物多样性团队野外调查工作照

# 1 凤蝶科 Papilionidae

除美洲分布的宝凤蝶亚科外，凤蝶科主要包括凤蝶亚科和绢蝶亚科。凤蝶科物种分布于世界各地，全世界记载600余种，中国已知130余种。

## 1. 凤蝶亚科 Papilioninae

凤蝶亚科成虫多为大中型，色彩鲜艳，底色黑、黄或白，有蓝、绿、红等斑纹；多在阳光下活动，飞行迅速。前足正常，爪下缘平滑。前、后翅三角形，中室闭合，R脉5条，A脉2条，通常有1条臀横脉，后翅具1条A脉，肩角有钩状肩脉，$M_3$可延伸成尾突。雌雄体形、大小颜色相同，或因季节、雌性多型而有差异。

卵近圆球形，产于寄主植物上，散产或多个产在一起。幼虫粗壮，体色随龄期变化，老龄幼虫常为绿色或黄色，身上有红、蓝或黑斑点。受惊吓时可释放臭气。蛹为缢蛹，表面粗糙，头端二分叉，中胸背板中央隆起；以蛹越冬，化蛹地点在植物枝干上。主要寄主为芸香科、樟科、伞形花科及马兜铃科植物，其中多以柑橘为食。

## 2. 绢蝶亚科 Parnassiinae

绢蝶亚科成虫多数中型，白或黄色，触角短而膨大，翅近圆形，半透明，带有黑、红或黄斑纹。雌性在交配后产生各种形状的臀袋。产于高山，耐寒力强，有些在雪线上飞翔，行动缓慢。卵圆形，有细凹点。幼虫有臭角，体色暗，有淡色带纹或红斑。蛹多有薄茧，圆柱形，在地面砂砾间化蛹。寄主为景天科和罂粟科植物。

# 1.1 凤蝶亚科 Papilioninae

## 1.1.1 麝凤蝶属 *Byasa* Moore, 1882

### 1. 中华麝凤蝶 *Byasa confusus* (Rothschild, 1895)

中型凤蝶，滁州乃至安徽地区主要分布的为ssp. *mansonensis*（Fruhstorfer, 1901）亚种。这种蝴蝶广泛生活在我国的华北、华东、华中、华南以及西南地区，它原先被归类为麝凤蝶*Byasa alcinou*的一种亚种，但由于其生殖器存在明显的差异，因此在2001年被提升为独立的物种。雄蝶，正面黑色，具有天鹅绒光泽，其后翅内缘褶皱处有1枚黑色的性标志，反面也是黑色，后翅的亚外缘和臀角处有7枚紫红色的斑点，其中靠近前缘的第七枚斑点尺寸较小。雌蝶，正面是浅土黄色的，每个室都有深灰色的条纹，其后翅的外缘和尾突是灰黑色的，反面与雄性相同。

**寄主**　马兜铃科（Aristolochiaceae）中的寻骨风（*Isotrema mollissima*）、瓜叶关木通（*I. cucurbitifolium*）、马兜铃（*Aristolochia debilis*）、港口马兜铃（*A. zollingeriana*）等植物。

**发生期**　一年多代，成虫多见于3—10月。

*标本照旁边附有原长度为10毫米的标尺作为参照（成书过程中，对部分图片和原标尺进行了等比例的缩放），读者可根据标尺计算出标本的实际大小。下同。

## 2. 灰绒麝凤蝶 *Byasa mencius* (Felder et Felder, 1862)

中大型凤蝶，其体型通常比中华麝凤蝶要大，尾突也更长。雄蝶的翅膀为灰黑色，其后翅的亚外缘和臀角部分有6~7枚紫红色的斑点，除靠近前缘的第七枚斑点经常不明显外，其他6枚斑点则较为鲜明，其中4枚呈新月形状的斑点。此外，雄蝶后翅正面的内缘褶皱处呈灰白色。雌性凤蝶的体型一般比雄性的大，翅正面为浅灰色，其紫红色的斑点相比雄性的要大且明显。

**寄主** 马兜铃科(Aristolochiaceae)的北马兜铃(*Aristolochia contorta*)等植物。

**发生期** 一年多代，成虫多见于3—10月。

## 1.1.2 珠凤蝶属 *Pachliopta* Reakirt, 1864

### 3. 红珠凤蝶 *Pachliopta aristolochiae* (Fabricius, 1775)

中型凤蝶。体黑色，头部和颈部覆盖红色绒毛，腹部红色。前翅灰色，翅的外边缘和翅脉都是黑色的，各翅室都具黑色的条纹。后翅黑色，正面亚外缘有不太明显的弯月形暗红色斑，反面的亚外缘有紫红色的圆形斑点，中部区域有几枚白色的斑点。尾部的突出部分较圆。

**寄主** 马兜铃科(Aristolochiaceae)的耳叶马兜铃(*Aristolochia tagala*)、北马兜铃(*A. contorta*)、港口马兜铃(*A. zollingeriana*)、昆明关木通(*Isotrema kunmingense*)、西藏马兜铃(*I. griffithii*)等植物。

**发生期** 一年多代，成虫多见于5—7月。

## 1.1.3 凤蝶属 *Papilio* Linnaeus, 1758

### 4. 玉带凤蝶 *Papilio polytes* Linnaeus, 1758

中型凤蝶。身体呈黑色并点缀白色斑点。雌雄异型，雄性翅黑色，前翅的外边缘和后翅的中域装饰着1列白色斑点，后翅正面靠近臀角的部位有一些蓝色的鳞片，后翅反面的亚外缘布满1排淡黄色斑点。雌蝶多型，常见型为前翅浅灰色，翅脉黑色，每个翅室都有黑色条纹，翅膀的基部和外缘黑色，后翅黑色，中部有2~5枚白色斑点，臀区有1条红色的斑纹，亚外缘有新月形的红色斑点。另外，有的雌蝶后翅的白色斑点呈带状，模仿了雄性的外观。还有的雌蝶后翅则完全没有白色斑点。这种凤蝶是极常见的凤蝶之一，即使在绿化良好的城市中也能看到它们的身影。

**寄主**　芸香科(Rutaceae)的飞龙掌血(*Toddalia asiatica*)、柑橘属(*Citrus*)、山小橘属(*Glycosmis*)、花椒属(*Zanthoxylum*)等多种植物。

**发生期**　一年2代至多代，成虫多见于3—11月。

## 5. 蓝凤蝶 *Papilio protenor* Cramer, [1775]

大型凤蝶。身体和翅膀都呈黑色，翅膀表面有同天鹅绒般的光泽，后翅反面外缘上方以及靠近臀角的位置有3枚新月形的红色斑点，臀角处有1枚环状的红斑。指名亚种，并没有尾突。雌雄异型，雄性凤蝶的后翅正面前缘部位有1枚白色的长斑，而雌性凤蝶的后翅正面中部和中心区域则有较多的蓝绿色鳞片。

**寄主**　芸香科（Rutaceae）的柑橘（*Citrus reticulata*）、两面针（*Zanthoxylum nitidum*）、花椒（*Z. bungeanum*）等植物。

**发生期**　一年多代，成虫多见于4—10月。

### 6. 美姝凤蝶 *Papilio macilentus* Janson, 1877

中大型凤蝶。翅膀形状狭长并具有较长的尾突，后翅反面外缘和亚外缘装饰着新月形或飞鸟形的红色斑点，臀角有环形的红斑。雌雄异型，雄性的翅膀呈黑色，后翅的正面前缘有1枚白色的长斑；雌性的翅膀呈为灰色，前翅的翅脉和各翅室沿线上有黑色的条纹。春季型个体通常较小。

**寄主** 芸香科(Rutaceae)的芸香(*Ruta graveolens*)、臭常山(*Orixa japonica*)、花椒(*Zanthoxylum bungeanum*)、椿叶花椒(*Z. ailanthoides*)等植物。

**发生期** 一年2代，成虫多见于4—9月。

### 7. 玉斑凤蝶 *Papilio helenus* Linnaeus, 1758

中大型凤蝶。翅黑色，较宽阔，前翅的顶角略突出。后翅的前缘和中部区域，有3枚相连的白色斑点，翅的反面、亚外缘部分有新月形的红色斑点，靠近臀角的位置有2枚环形的红色斑点。

**寄主** 芸香科(Rutaceae)柑橘属(*Citrus*)、花椒属(*Zanthoxylum*)等植物。

**发生期** 一年多代，成虫多见于5—8月。

## 8. 柑橘凤蝶 *Papilio xuthus* Linnaeus, 1767

中型凤蝶。体黑色，身体两侧和腹部呈黄白色。翅白色略偏绿色或黄色，各翅脉附近有黑色条纹，翅的外缘和亚外缘处有两条黑带，在亚外缘位置上，还有1列淡色新月形斑点。前翅的中部区域内，有数条黑色的放射状线条，在$R_4$及$R_5$的区域内有2枚黑点，$Cu_2$室有1条从基部延伸出来的纵带，后翅亚外缘黑带上，分布着蓝色的鳞片，臀角处常有橙色的斑点，其上还有1枚黑点，但是春季型这个黑点可能会退化，夏季型后翅的前缘还会有1枚黑斑。反面的颜色略淡一些，后翅的亚外缘区域的蓝色斑点非常明显，内侧有橙色斑点，其余部分与正面相同。该种是常见的凤蝶之一。

**寄主**　芸香科(Rutaceae)柑橘属(*Citrus*)、花椒属(*Zanthoxylum*)等植物。

**发生期**　一年多代，成虫多见于2—10月。

## 9. 金凤蝶 *Papilio machaon* Linnaeus, 1758

中型凤蝶。身体呈黑色,体侧面和腹部腹面为黄色。翅膀呈黄色,各翅脉附近有黑色条纹,翅膀外缘和亚外缘有2条黑带,亚外缘还有1列新月形黄斑。前翅基部为黑色,上面布满黄色鳞片,中室中部和端部有2条短黑带。后翅中室末端有1枚钩状黑斑,亚外缘黑带处有蓝色鳞片,臀角处有一个红色圆斑。反面颜色稍微淡一些,后翅亚外缘区域的蓝色斑点很明显,在$M_3$和$M_4$室内侧有橙红色斑点,其余部分与正面相似。这种凤蝶分布广泛,常见于田野、丘陵和山地,也出现在高海拔地区,喜欢吸食花蜜。

**寄主** 伞形科(Apiaceae)的茴香(*Foeniculum vulgare*)等植物。

**发生期** 一年1~2代,成虫多见于4—9月。

### 10. 碧凤蝶 *Papilio bianor* Cramer, 1777

大型凤蝶。身体和翅膀主要呈现黑色，上面散布着黄绿色和蓝绿色的鳞片，后翅正面亚外缘部位有1列蓝色和红色的弯月形斑点。雄性前翅正面$Cu_2$-$M_3$室有性标，春季型的性标相对较稀疏。后翅的尾突部位，沿着翅脉分布有一定宽度的蓝绿色鳞片，夏季型的集中程度较高，春季型的尾突部位则布满着蓝绿色的鳞片。反面的前翅部分有1条灰白色的宽带，从后角向前缘逐渐加宽，后翅的内缘区和中域有白色的鳞片分布，亚外缘部分有1列弯月形或者飞鸟形的红斑。常见访花、吸水，或者沿着山路飞行。

**寄主** 芸香科（Rutaceae）的两面针（*Zanthoxylum nitidum*）、花椒（*Z. bungeanum*）、竹叶椒（*Z. armatum*）、飞龙掌血（*Toddalia asiatica*）、臭檀吴萸（*Tetradium daniellii*）等植物。

**发生期** 一年多代，成虫多见于2—11月。

# 1.1.4 青凤蝶属 *Graphium* Scopoli, 1777

## 11. 青凤蝶 *Graphium sarpedon* (Linnaeus, 1758)

中型凤蝶。没有尾突，翅膀呈黑色，前翅有1列青色的方形斑点，从顶角到后缘逐渐变宽，一般来说，中室内部不会有青色斑点，这是区分它和其他种类的一个标志，但在春季型的个体中，偶尔会出现中室斑点。后翅的中域也有1条青色带，但是在斑带型的个体中，只保留了前缘的白色斑点和下方的1枚小青斑，亚外缘有1列新月形的青色斑点。反面后翅基部有1条红色短线，外中域至内缘有数枚红色斑纹，其余部分与正面类似。雄蝶在后翅的内缘褶内部有灰白色的发香鳞。它们飞行速度很快，常常可以看到在访花、吸水或者在树冠处飞翔。

**寄主** 樟科（Lauraceae）的樟（*Camphora officinarum*）等植物。

**发生期** 一年2代，成虫多见于5—10月。

### 12. 黎氏青凤蝶 *Graphium leechi* (Rothschild, 1895)

中型凤蝶。无尾突，翅膀呈黑色，前翅的亚外缘、中域以及中室有3列白色或淡青色的斑点，其中，亚外缘的斑点呈圆形，中域的斑点则是条形，并朝后缘方向逐渐加宽，中室内部有5条白色的横纹。后翅的基部和中域有5条长度不一的条纹，亚外缘有1排白色或淡青色的斑点。反面后翅基角有1枚橙色的斑点，从外中域至内缘有4枚橙色的斑点，其他部位与正面相似。

**寄主** 木兰科(Magnoliaceae)的鹅掌楸(*Liriodendron chinense*)。

**发生期** 一年2代，成虫多见于4—9月。

### 13. 碎斑青凤蝶 *Graphium chironides* (Honrath, 1819)

中型凤蝶。与黎氏青凤蝶较为近似，正面颜色更青，反面的后翅基部有1枚黄色斑点，偶尔也会出现小的橙色斑点；而黎氏青凤蝶在这个位置的斑点近基部为淡青色，其余部分为橙色。一个比较稳定的特征是前翅后缘的2枚青色斑点，其长度不会超过所在翅室的一半，后翅前缘$R_1$室斑相对短且宽，成虫常见访花或吸水。

**寄主**　木兰科(Magnoliaceae)的白兰(*Michelia* × *alba*)、黄兰(*M. champaca*)、深山含笑(*M. maudiae*)等植物。

**发生期**　一年多代，成虫多见于2—10月。

# 1.2 绢蝶亚科 Parnassiinae

## 1.2.1 丝带凤蝶属 *Sericinus* Westwood, 1851

### 14. 丝带凤蝶 *Sericinus montelus* Gray, 1853

中型凤蝶。雌雄异型，雄性的翅膀呈黄白色，前翅的翅基部、前缘以及顶角为黑色，中室中部和端部有黑色斑点，下方和外侧有不规则的黑带，后翅外中域有1条黑色横带，与臀区的黑色斑点相连，黑色斑点内有红色的横斑，红斑下方有蓝色斑点，中室内部有1枚黑色斑点，尾突细长；反面与正面相似。雌蝶比雄蝶正反面的黑色斑点更为发达。春季型的个体相对较小，正反面的黑色斑点有所退化，雄性的后翅中室内部没有斑纹。分布很广，一年发生多代，数量较多，常见于丘陵或荒草地，飞行时缓慢而优雅。以蛹的形态越冬。

**寄主** 马兜铃科(Aristolochiaceae)的马兜铃(*Aristolochia debilis*)等植物。

**发生期** 一年多代，成虫多见于4—10月。

## 1.2.2 虎凤蝶属 *Luehdorfia* Crüger, 1878

### 15. 中华虎凤蝶 *Luehdorfia chinensis* (Leech, 1893)

小型凤蝶。翅膀呈黄色，前翅的上半部分有8条黑色的横带，从基部开始，第一、二、四、七、八条黑带可以到达前翅的后缘，第三、五条为短横带，只能到达中室的后缘，第六条横带在中部与第七条合并。后翅上部有3条黑色带，其中基部的1条沿着内缘可以到达臀区，外区呈黑色，内侧有1列红色的斑点，外缘有几枚新月形的黄色斑点，尾突相对较短小。反面与正面相似。该种只在早春发生1代，分布于丘陵地带，多见于山背阳的一侧，常常在林中飞行或者停栖。

**寄主**　马兜铃科(Aristolochiaceae)的汉城细辛(*Asarum sieboldii*)、杜衡(*A. forbesii*)等植物。

**发生期**　一年1代，成虫多见于3—5月。

## 1.2.3 绢蝶属 *Parnassius* Latreille, 1804

### 16. 冰清绢蝶 *Parnassius glacialis* Butler, 1866

小型凤蝶。翅白色，其上散布着灰黑色的翅脉，前翅的中室内部和中室末端通常各有1道灰黑色的横斑，亚外缘和外缘带有不太明显的灰色条纹，后翅的内缘区呈现黑色。反面与正面相似。该种与白绢蝶 *Parnassius stubbendorfii* 比较近似，但身体覆盖着黄色的毛，且雌性凤蝶臀袋较小。在春季或初夏发生1代，多在低海拔的山地活动，飞行速度较慢。

**寄主** 紫堇科(Fumariaceae)、马兜铃科(Aristolochiaceae)和延胡索(*Corydalis yanhusuo*)等植物。

**发生期** 一年1代，成虫多见于4—5月。

# 2 粉蝶科 Pieridae

粉蝶科成虫中等大小,色彩淡,多为白或黄,少数为红或橙,有黑斑纹,前翅顶角常黑。头小,触角端膨大成锤状。两性前足发达,有爪。前翅三角形,有尖或圆形顶角;R脉通常3或4条,A脉1条。后翅卵圆形,无尾突,A脉2条。雄性具发香鳞,分布不同。有性二型或季节型。喜吸花蜜,多数种类以蛹越冬,少数种类以成虫越冬。有些种类喜群栖。卵炮弹形或宝塔形。幼虫圆柱形,绿或黄,有横向皱纹和小突起。蛹缢蛹,附着在寄主植物上。寄主为十字花科、豆科、山柑科、蔷薇科植物,蔬菜或果树。

# 2.1 黄粉蝶亚科 Coliadinae

## 2.1.1 豆粉蝶属 *Colias* Fabricius, 1807

### 1. 东亚豆粉蝶 *Colias poliographus* Motschulsky, 1860

中型粉蝶。身体为黑色，头部和胸前部覆盖着红褐色的绒毛。前翅外缘的黑带大约占据了翅面的1/3，内有淡色的斑点排列，中室端部有1枚黑斑，翅基部分覆盖黑色鳞片，后翅外缘在翅脉末端处有1排黑斑，亚外缘有1排不太显眼的黑色斑纹，中室端有1枚橙色的斑点。前翅反面中室端有1枚黑斑，亚外缘有1列黑点，后翅反面呈暗黄色，中室端的斑点边缘以银白色装饰，饰以红线，亚外缘有1排暗色的点。雄性的翅膀通常呈黄色，雌性多为白色，有时也会出现黄色型。最常见的豆粉蝶，经常可以在农田、荒芜的草地、城市的绿化带中看到。

**寄主** 豆科(Fabaceae)的白车轴草(*Trifolium repens*)等豆科植物。

**发生期** 一年多代，成虫多见于4—10月。

## 2.1.2 黄粉蝶属 *Eurema* Hübner, [1819]

### 2. 北黄粉蝶 *Eurema mandarina* de l'Orza, 1869

中小型粉蝶。翅黄色，正面前翅的外缘有1条黑色带，其内侧在$M_3$脉和$Cu_1$脉处向外凹入，夏季型该带会比较宽，秋季型这个黑带可能会变窄甚至消失，只剩下顶角处的黑色，后翅的外缘也有1条较窄的黑带，秋季型这个黑带会退化成脉端的黑点；翅反面颜色稍淡，没有黑带，但是会有褐色的小斑点、条纹或暗纹分布在上面。该种与檗黄粉蝶 *Eurema blanda* 和安迪黄粉蝶 *Eurema andersoni* 非常相似，但后翅$M_3$室略突出，前翅反面中室内有2枚褐色斑纹。另外，该种与宽边黄粉蝶 *Eurema hecabe* 也极为相似，但前翅缘毛为黄色而非褐色，以及本种秋季型黑边退化为脉端黑点。为最常见的黄粉蝶，飞行速度较慢。

**寄主** 豆科(Fabaceae)的胡枝子属(*Lespedeza bicolor*)、鼠李科(Rhamnaceae)的雀梅藤(*Sageretia thea*)和小叶鼠李(*Rhamnus parvifolia*)等植物。

**发生期** 一年多代，成虫几乎全年出现。

### 3. 尖角黄粉蝶 *Eurema laeta* (Boisduval, 1836)

小型粉蝶。翅膀呈现出鲜艳的黄色，正面前翅外缘有1条黑色带，从前缘开始逐渐变窄，直至$Cu_2$脉或$Cu_1$脉结束，后翅的外缘也有1条细细的黑带，或退化为脉端的黑点；翅膀的反面没有黑色带，秋季型的后翅中部有1条暗红褐色的横带，夏季型不明显，前翅顶角秋季型比夏季型更尖锐。虽然这种粉蝶的发生期较长，但数量并不多，通常在秋季才能见到它们。

**寄主** 豆科（Fabaceae）的大豆（*Glycine max*）、苜蓿（*Medicago sativa*）等植物。

**发生期** 一年多代，成虫几乎全年出现。

## 2.1.3 钩粉蝶属 *Gonepteryx* Leach, [1815]

### 4. 浅色钩粉蝶 *Gonepteryx aspasia* Gistel, 1857

中型粉蝶。滁州分布的亚种为 ssp. *acuminata*。该种与钩粉蝶 *Gonepteryx rhamni* 有一定的相似性，但前翅前缘更弯曲，顶角也更尖锐。与圆翅钩粉蝶区别为，个体较小，前翅顶角和后翅尖角更加尖锐，后翅的 Rs 脉并没有膨大，而且雌性的蝶是淡青白色的。喜欢访花，以成虫形态越冬。

**寄主** 鼠李属(*Rhamnus*)的植物。

**发生期** 一年1代，成虫多见于4—7月。

### 5. 圆翅钩粉蝶 *Gonepteryx amintha* Blanchard, 1871

中型粉蝶。雄蝶前翅呈黄色或橙黄色，翅外缘和前缘有红褐色的脉端点，后翅黄色，外缘有脉端点，其中Rs脉明显膨大，前后翅中室端部均有暗红色的圆斑；雌蝶颜色为淡黄白色。喜欢访花，以成虫形态越冬。

**寄主** 鼠李属（*Rhamnus*）的植物。

**发生期** 一年多代，成虫多见于3—10月。

# 2.2 粉蝶亚科 Pierinae

## 2.2.1 粉蝶属 *Pieris* Schrank, 1801

### 6. 菜粉蝶 *Pieris rapae* (Linnaeus, 1758)

中型粉蝶。翅白色，前后翅基部散布有黑色的鳞片，前翅的顶角部分黑色，外中域有2枚黑色斑点，后面1枚有时模糊，后翅的前缘部分有1枚黑色斑点；前翅的反面与正面类似，但顶角部分是浅灰黄色，后翅的反面为白色或浅灰黄色。雌蝶的翅面斑纹通常比雄蝶更为发达。早春出现的菜粉蝶个体翅型稍微狭长，正面的黑色斑点有时会退化，只留下前翅顶角、前缘和前后翅基部的黑色。为最常见、分布最广的粉蝶，它的发生期很长，几乎在任何地方都能见到。以蛹的形态过冬，从蛹羽化为成虫的时间，会随着地理位置的变化，从北向南逐渐提前。菜粉蝶的越冬成虫通常在2月中下旬开始羽化。

**寄主**　十字花科(Brassicaceae)植物。

**发生期**　一年多代，成虫几乎全年出现。

## 7. 东方菜粉蝶 *Pieris canidia* (Linnaeus, 1768)

中型粉蝶。个体通常比菜粉蝶大，但也有一些较小的个体，翅膀为白色，前后翅基部散布有黑色的鳞片，前翅的前缘黑色，顶角的黑斑与外缘的黑色斑点相连，在外中域有2枚黑色斑点，其中后面的1枚有时会显得模糊，后翅的前缘有1枚较大的黑斑，外缘有数枚黑斑。雌性蝶翅上的斑纹通常比雄性更为发达。早春出现的个体翅型稍微狭长，雄蝶正面黑斑有时会退化，外缘的黑斑列也可能退化为微小的点状。

**寄主** 十字花科(Brassicaceae)植物。

**发生期** 一年多代，成虫几乎全年出现。

## 8. 华东黑纹粉蝶 *Pieris latouchei* Mell, 1939

中型粉蝶。翅白色,翅脉黑色,前翅顶角部分是黑色的,在外中域有2枚黑色斑点,后翅前缘有1枚黑斑,后翅黑纹在外缘脉端有时会变粗;反面后翅及前翅顶角为淡黄色,后翅肩区常有1枚黄色斑点。雌蝶的斑纹发达,各翅脉有粗黑纹;雄性蝶一般只有翅脉为黑色,不会向两侧扩散。春季型翅型稍狭长,翅反面各翅脉附近的灰褐色脉纹较发达,雄性蝶的正面除了顶角外的黑斑常完全退化。该种飞行速度较慢,常在林间开阔地出现,平原地区则较少看见。

**寄主** 十字花科(Brassicaceae)的圆齿碎米荠(*Cardamine scutata*)等植物。

**发生期** 一年多代,成虫多见于2—9月。

## 2.2.2 云粉蝶属 *Pontia* Fabricius, 1807

### 9. 云粉蝶 *Pontia edusa* (Fabricius, 1777)

中小型粉蝶。翅白色，前翅中室端有1枚黑色斑点，前翅外缘翅脉端有1列黑斑，亚外缘上半区有不规则的黑色带，与外缘黑斑相连，$Cu_2$室外中部有1枚黑斑；雌蝶的后翅外缘翅脉端有1列黑斑，亚外缘有不规则的黑褐色带，与外缘斑相连，基部到中域有不规则的灰色阴影区，而雄性蝶的后翅斑纹较淡，分布与雌性蝶相似。翅反面斑纹为暗绿色与正面基本相似，前翅中室端斑有黑纹环绕。该种多见于平原丘陵地区，喜欢访花。

**寄主** 十字花科(Brassicaceae)的大蒜芥属(*Sisymbrium*)等植物。

**发生期** 一年多代，成虫多见于6—7月。

## 2.2.3 襟粉蝶属 *Anthocharis* Boisduval, 1833

### 10. 黄尖襟粉蝶 *Anthocharis scolymus* Butler, 1866

小型粉蝶。翅白色，前翅中室端有1枚黑色斑点，顶角尖出，有3枚黑色斑点，雄蝶其中有1枚橙黄色斑点，雌性蝶则没有；反面前翅顶角斑为灰绿色，后翅覆盖着不规则的灰绿色密纹，亚外缘区的颜色较淡。该种主要在春季出现，数量较多。

**寄主** 十字花科(Brassicaceae)的弹裂碎米荠(*Cardamine impatiens*)、欧洲油菜(*Brassica napus*)、诸葛菜(*Orychophragmus violaceus*)等植物。

**发生期** 一年1代，成虫多见于3—4月。

## 11. 橙翅襟粉蝶 *Anthocharis bambusarum* Oberthür, 1876

小型粉蝶。雄蝶前翅为橙色，雌蝶前翅为白色，顶角较为圆润，有灰黑色斑点，中室端有1枚黑色斑点，翅基部为黑色；后翅的正面为白色，有灰色暗纹，反面则布满墨绿色的云状斑纹。该种主要在春季出现，喜欢访花。

**寄主** 十字花科（Brassicaceae）弹裂碎米荠（*Cardamine impatiens*）等植物。

**发生期** 一年1代，成虫多见于3—5月。

# 3　蛱蝶科 Nymphalidae

眼蝶亚科Satyrinae成虫通常为小型或中型，颜色暗淡，多为灰褐、黄褐、棕褐或黑褐，偶尔为红色或白色。翅上有醒目的眼状斑或圆纹，少数种类没有或不明显。头小，复眼周围长毛，下唇须直长，侧扁，有密毛，触角端部锤状。前足退化，雄蝶跗节只剩1节，被有鳞毛，雌蝶1节以上但不超过5节，无爪。翅短而阔，外缘扇状或齿出，前后翅中室闭合式，飞翔力强或弱，多在林荫、竹丛中活动。

其他亚科成虫多为中型或大型，少数为小型美丽蝴蝶，翅形和色斑变化大，喜在日光下活动，飞翔迅速，行动活泼。幼虫头部常有突起，体节上有横皱纹，有的有吐丝结网群栖等习性。蛹颜色变化大，寄主多为林木和各种经济植物。

# 3.1 喙蝶亚科 Libytheinae

## 3.1.1 喙蝶属 *Libythea* Fabricius, 1807

### 1. 朴喙蝶 *Libythea lepita* Moore, 1858

中型喙蝶。翅膀呈黑褐色，前翅的顶角突出，亚顶角有3枚小白斑，中室内有1条红褐色的纵斑，外中域有1枚红褐色的圆斑；后翅的外缘呈锯齿状，有1条红褐色的横带。在翅的反面，前翅的顶部区域和后翅呈不均匀的灰褐色。成虫的寿命很长，常见于林区的开阔地，喜欢吸水。

**寄主** 大麻科（Cannabaceae）的朴树（*Celtis sinensis*）。

**发生期** 一年约2代，成虫几乎全年出现。

# 3.2 斑蝶亚科 Danainae

## 3.2.1 绢斑蝶属 *Parantica* Moore, [1880]

### 2. 大绢斑蝶 *Parantica sita* (Kollar, [1884])

中型斑蝶，翅白色，半透明。前翅脉纹黑色，外缘和亚外缘区黑色，上有2列小斑；后翅脉纹红褐色，中室内有纵线，外缘和亚外缘区褐色，反面有2列小斑，雄蝶后翅反面$Cu_2$、2A及3A脉上有性标。具有迁飞习性。

**寄主** 夹竹桃科(Apocynaceae)的娃儿藤(*Tylophora ovata*)等植物。

**发生期** 一年多代，成虫多见于4—9月。

# 3.3 眼蝶亚科 Satyrinae

## 3.3.1 黛眼蝶属 *Lethe* Hübner, [1819]

### 3. 曲纹黛眼蝶 *Lethe chandica* (Moore, [1858])

中大型眼蝶。雄蝶翅正面呈黑色，边缘略带棕色，后翅在$M_3$脉处向外突出。反面呈棕灰色，前翅中室中部有2条距离很近的棕色横线，外侧的1条较倾斜，内侧的1条延伸至$Cu_2$室基半部，横线外部有浅灰白色鳞区，外中线为深棕褐色，在$M_3$脉上方向内偏折，亚外缘$Cu_2$室至$R_5$室有1列小眼斑，眼斑附近有浅灰白色鳞区，前翅具有模糊的暗色亚外缘带及棕褐色外缘线；后翅基半部有1条棕色内中线，其外侧具浅灰白色鳞区，中室端脉有1棕色线纹，棕色的外中线较曲折，在$M_3$脉上方向内偏折，在Rs脉处略向内凹入，$M_1$脉下方外中线内侧具深棕色阴影区，亚外缘有1列眼斑，具有白色瞳点，外缘线为棕褐色，其内侧有1列浅灰白色斑。雌蝶正面呈棕红色，前翅亚顶角$R_5$室有1小白斑，前缘中部至$M_3$室中部有1倾斜的白带，其内侧有1深棕色区域，$Cu_1$室中部有1小白斑；后翅亚外缘有1列深棕色斑。雌蝶反面与雄蝶相似，但前翅外中线内侧有深棕色阴影区，外侧具1白带。

**寄主** 禾本科(Gramineae)的箬竹(*Indocalamus tessellatus*)、刚莠竹(*Microstegium ciliatum*)。

**发生期** 一年多代，成虫几乎全年可见。

## 4. 连纹黛眼蝶 *Lethe syrcis* (Hewitson, [1863])

中型眼蝶。翅正面呈灰褐色，后翅外缘在$M_3$脉处略微突出，斑纹呈深灰褐色，前翅具有模糊的外中带和亚外缘带，后翅亚外缘则有1列圆斑，且带有模糊的浅黄褐色外环，眼斑外侧区域为深灰褐色，并具有浅黄褐色的亚外缘线和外缘线。翅反面呈浅黄褐色，前后翅均具有灰褐色的内中线、中室端线、外中线和亚外缘带，外缘线为深褐色，后翅内中线与外中线在臀角内侧相连，外中线在$M_3$脉上方向内偏折，在Rs脉处略向内凹入，亚外缘有1列黑色眼斑，具有白色瞳点和淡黄色眶，其中$R_2$室及$Cu_1$室眼斑较大，$Cu_2$室2枚小眼斑具淡黄色眶。

**寄主**　禾本科(Gramineae)的刚莠竹(*Microstegium ciliatum*)。

**发生期**　一年多代，多见于5—11月。

## 3.3.2 荫眼蝶属 *Neope* Moore, [1866]

### 5. 蒙链荫眼蝶 *Neope muirheadi* (Felder et Felder, 1862)

中大型眼蝶。翅正面为深灰褐色，后翅亚外缘有1列黑褐色斑点，外缘在$M_3$脉处突出。反面呈灰褐色，前翅中室及端部各有1枚暗黄褐色斑，其中中部1枚两侧具有深灰褐色线纹，后翅基部附近有数枚暗黄褐色斑点，具有深灰褐色的不规则的亚基线，前后翅均具有很窄的白色外中带，亚外缘有1列眼斑，具有深灰褐色亚外缘线及外缘线。春季型个体正面亚缘斑列明显，反面后翅白色外中带退化，前翅白色外中带退化或很窄。

**寄主**　禾本科(Gramineae)的水稻(*Oryza sativa*)、刚莠竹(*Microstegium ciliatum*)。

**发生期**　一年多代，成虫多见于4—10月。

### 6. 布莱荫眼蝶 *Neope bremeri* (Felder et Felder, 1862)

中大型眼蝶。翅正面为黑褐色，外中区至亚外缘具1列淡黄色斑，被中部的黑色圆斑分为两半，后翅外缘在$M_3$脉处略突出。反面呈浅灰褐色，具有深褐色外缘线及亚外缘带，外中区有1列黑色眼斑，具有白色瞳点及淡黄色眶，眼斑列两侧具模糊的灰白色鳞带，深褐色外中线较曲折，基半部具有数枚不规则的深褐色线纹，后翅中室端有1枚黑褐色斑点。春季型个体正面黄斑稍发达，前翅具1枚淡黄色中室端斑。反面前翅外中区有1列淡黄色斑，眼斑位于其上，中室内有数枚淡黄色横斑；后翅眼斑较退化，外中线与内中线之间区域颜色较深。

**寄主**　禾本科(Gramineae)的芒(*Miscanthus sinensis*)及竹亚科类(Bambusoideae)植物。

**发生期**　一年多代，成虫多见于2—11月。

## 3.3.3 眉眼蝶属 *Mycalesis* Hübner, 1818

### 7. 稻眉眼蝶 *Mycalesis gotama* Moore, 1857

中小型眼蝶。翅正面呈深灰褐色，前翅亚外缘有上小、下大2枚黑色眼斑，具有白色瞳点及不清晰的环。翅反面为灰褐色，亚基部具暗褐色横纹，外中带白色，内侧具暗褐色边勾勒，亚外缘有1列黑色眼斑，具有白色瞳点及淡黄色眶，其中前翅 $Cu_1$ 室及后翅 $Cu_1$ 室眼斑较大，前翅 $M_1$ 室及后翅 $R_2$ 室眼斑次之，前后翅具暗褐色波状亚外缘线及暗褐色外缘线。

**寄主** 禾本科(Gramineae)的水稻(*Oryza sativa*)、甘蔗(*Saccharum officinarum*)和竹亚科类(Bambusoideae)等植物。

**发生期** 一年多代，成虫在南方全年可见。

## 8. 拟稻眉眼蝶 *Mycalesis francisca* (Stoll, [1780])

中小型眼蝶。类似稻眉眼蝶，但翅正反面呈深灰褐色，雄蝶正面前翅2A脉内中部及后翅近基部具性标。反面中带呈淡紫色。低温型个体后翅眼斑较小。雄蝶后翅背面近前缘性标毛束为淡黄色，前翅背面后缘另有带色毛束的性标。旱季型两翅腹面外侧密布灰白色鳞片。

**寄主** 禾本科(Gramineae)的水稻(*Oryza sativa*)、芒(*Miscanthus sinensis*)等植物。

**发生期** 一年多代，成虫在南方全年可见。

## 9. 小眉眼蝶 *Mycalesis mineus* (Linnaeus, 1758)

中小型眼蝶。体背呈褐色，腹面颜色较浅，翅背面底色为褐色，两翅中央或隐约有浅色直纹，前翅外侧有1枚明显的眼纹，沿着前后翅外缘有2道平行的浅色窄纹。翅腹面底色较浅，翅中央各有1条米黄色直纹，前翅外侧有2~4枚眼纹，后翅外侧有7枚眼纹，但第二枚眼纹可能会消失，沿着两翅外缘有2条平行的米色窄线。旱季型翅腹面斑纹全面消退，中央直纹仅余模糊的暗线，外侧眼纹几乎消失。雄蝶前翅腹面近后缘基部有灰褐色的性标，后翅背面近前缘有米色毛束，基部有1片带金属光泽的灰褐色鳞片。与稻眉眼蝶相似，但雄蝶正面后翅近基部具有性标。反面底色偏灰色，亚外缘各眼斑均有白色外环，后翅$M_3$室有1枚较大的眼斑。低温型个体眼斑趋于退化，中带较弱。

**寄主** 禾本科(Gramineae)的刚莠竹(*Microstegium ciliatum*)、李氏禾(*Leersia hexandra*)。

**发生期** 一年多代，成虫在南方全年可见。

## 3.3.4 蛇眼蝶属 *Minois* Hübner, [1819]

### 10. 蛇眼蝶 *Minois dryas* (Scopoli, 1763)

中型眼蝶。翅正面为深灰褐色，前翅亚外缘 $Cu_1$ 室及 $M_1$ 室各有1枚黑色眼斑，带有蓝色的瞳点；后翅外缘呈波状，亚外缘 $Cu_1$ 室有1枚黑色眼斑，同样具有蓝色的瞳点。反面呈灰褐色，具有细密的鳞纹，前后翅亚外缘眼斑周围有黄色的环，外侧有模糊的深色带，后翅上有1条灰白色的中带。

**寄主** 禾本科(Gramineae)水稻(*Oryza sativa*)等植物。

**发生期** 一年1代，成虫多见于7—8月。

## 3.3.5 眼蝶属 *Ypthima* Hübner, 1818

### 11. 阿眼蝶 *Ypthima argus* Butler, 1866

小型眼蝶。翅正面呈灰褐色,前翅亚顶角有1枚黑色眼斑,具2枚蓝白色的瞳点和较弱的黄色环,眼斑位于1片浅于底色的宽带中;后翅亚外缘$M_3$室及$Cu_1$室各有1枚黑色眼斑,同样具有蓝白色的瞳点和较弱的黄色环。反面覆盖着密集的灰白色鳞纹,前翅亚顶角有1枚黑色眼斑,具有2枚蓝白色的瞳点和淡黄色眶,后翅亚外缘$Cu_2$室至$M_3$室及$M_1$室至Rs室有6枚眼斑,具有蓝白色的瞳点和淡黄色眶,其中$Cu_2$室有2枚非常小的眼斑,前后翅基半部、中部及前翅亚外缘各有1条灰褐色的暗带。该种蝴蝶与眼蝶非常相似,但前翅正面的性标较为微弱。春季型个体反面具有1条棕褐色的中带,后翅的眼斑趋于减退。以蛹的形态越冬。

**寄主** 禾本科(Gramineae)的结缕草(*Zoysia japonica*)等植物。

**发生期** 一年多代,成虫多见于5—8月。

### 12. 密纹矍眼蝶 *Ypthima multistriata* Butler, 1883

中小型矍眼蝶。翅正面呈灰褐色，前翅亚顶角有1枚黑色眼斑，具有2枚蓝白色的瞳点，雌蝶具有黄色环，而雄蝶的中域具有黑色的香鳞区；后翅亚外缘 $Cu_1$ 室有1枚眼斑。反面覆盖着密集的灰白色鳞纹，前翅亚顶角有1枚黑色眼斑，具有2枚蓝白色的瞳点和淡黄色眶，后翅亚外缘 $Cu_2$ 室、$Cu_1$ 室及 $M_1$ 室至 $R_1$ 室有3枚眼斑，具有蓝白色的瞳点和淡黄色眶，其中 $Cu_2$ 室的眼斑具有2枚瞳点，前翅中部及前后翅亚外缘各有1条灰褐色的暗带。

**寄主** 禾本科（Gramineae）的棕叶狗尾草（*Setaria palmifolia*）等植物。

**发生期** 一年多代，亚热带地区成虫多见于4—11月，热带地区几乎全年可见。

## 13. 乱云矍眼蝶 *Ypthima megalomma* Butler, 1874

中型矍眼蝶。翅正面呈现灰褐色，前翅亚顶角有1枚黑色眼斑，具有2枚蓝白色的瞳点和黄色环；后翅亚外缘$Cu_1$室有1枚黑色眼斑，具有蓝白色的瞳点和黄色环。反面呈棕褐色，前翅亚顶角有1枚黑色眼斑，具有2枚蓝白色的瞳点和淡黄色眶，其外侧从顶角至$M_3$室有1条灰白色的鳞带；后翅基半部中室下方及端半部有一块灰白色的鳞区，亚外缘$Cu_1$室的眼斑常会退化。仅在春季发生。

**寄主**　禾本科(Gramineae)的棕叶狗尾草(*Setaria palmifolia*)等植物。

**发生期**　一年1代，成虫多见于4—6月。

# 3.4 闪蝶亚科 Morphinae

## 3.4.1 箭环蝶属 *Stichophthalma* Felder et Felder, 1862

### 14. 箭环蝶 *Stichophthalma howqua* (Westwood, 1851)

大型环蝶。翅橙黄色,前翅顶角黑色,前后翅外缘有1列黑色的鱼形斑纹,臀角处的2枚清晰而互相分离,雄蝶后翅前缘有一簇毛丛;翅反面有2条波状外缘线,外中域有1列眼斑,眼斑内侧为暗色鳞区,雌蝶在鳞区内侧有1条较明显的白色带,中域和靠近基部处有2条黑色波状线,前翅中室端有1条黑线。

**寄主** 禾本科(Poaceae)毛竹(*Phyllostachys edulis*)等植物。

**发生期** 一年1代,成虫多见于6—8月。

# 3.5 釉蛱蝶亚科 Heliconninae

## 3.5.1 豹蛱蝶属 *Argynnis* Fabricius, 1807

### 15. 斐豹蛱蝶 *Argynnis hyperbius* (Linnaeus, 1763)

中型蛱蝶。雌雄异型。雄蝶的翅膀为橙黄色,后翅外缘为黑色,具有蓝白色的细弧纹,整个翅面布满着黑色斑点。而雌蝶个体较大,前翅端半部为紫黑色,其中有1条白色的斜带,其余部分与雄蝶相似。反面前翅顶角呈暗绿色并有小斑;后翅的斑纹为暗绿色,亚外缘内侧有5个银白色的小点,周围环绕着绿色的环,中区斑列的内侧或外侧具有黑线,基部有3枚围着黑边的圆斑,中室内的1枚有白点,另有数个不规则的纹路。这种蝴蝶是常见的豹蛱蝶之一,主要出现在开阔地带,喜欢吸食花蜜。

**寄主** 堇菜科(Violaceae)的紫花地丁(*Viola philippica*)、白花地丁(*V. patrinii*)、长萼堇菜(*V. inconspicua*)、戟叶堇菜(*V. betonicifolia*)、七星莲(*V. diffusa*)、香堇菜(*V. odorata*)、三色堇(*V. tricolor*)、如意草(*V. verecunda*)、金鱼草(*Antirrhinum majus*)和玄参科(Scrophulariaceae)等植物。

**发生期** 一年多代,成虫多见于5—9月。

## 16. 青豹蛱蝶 *Argynnis sagana* (Doubleday, 1847)

中型蛱蝶。雌雄异型。雄蝶翅橙黄色,前翅 $M_3$、$Cu_1$、$Cu_2$、2A 脉上各有1个黑色性标,中室内有1枚黑线围成的肾形斑,外侧另有两枚黑斑;后翅有1黑色中横线。前后翅外中区有1列黑色椭圆斑,外缘和亚外缘也各有1列黑斑。反面与正面相似,后翅反面中部有1条从前缘抵达后角的白色横带,外侧为淡青色区域,内侧有2条褐色线,在中室下方合并为1条。雌蝶翅为青黑色,前翅端半部的白斑组成1条斜带,中室和 $Cu_1$ 室内侧各有1枚白斑,亚外缘白斑上有2列不规则的黑斑,在顶区处模糊,顶角附近有1枚小白斑;后翅有1条曲折的白色中带,中带至外缘有3列黑斑,最外面2列黑斑间为1列白斑。反面与正面相似,但色较浅,前翅黑斑较小,中室内有1枚黑线围成的肾形斑,外侧另有2枚黑斑,后翅中室内有1枚线状白斑,与上方 $R_1$ 室内白斑相连,中带外侧的黑斑退化消失。

**寄主** 堇菜科(Violaceae)的心叶堇菜(*Viola yunnanfuensis*)等植物。

**发生期** 一年1代,成虫多见于6—8月。

## 17. 老豹蛱蝶 *Argynnis laodice* (Pallas, 1771)

中型蛱蝶。雄蝶的翅膀为橙黄色，前翅 $Cu_2$、2A 脉上各有 1 个黑色性标，中室内有 1 枚黑线围成的肾形斑，外侧还有 2 枚黑斑；后翅中室端有 1 枚黑斑。前后翅中带呈现为 1 列曲折排列的黑斑，外中区、亚外缘及外缘各有 1 列黑斑。反面与青豹蛱蝶相似，但前翅中部黑斑发达，中室中部有一垂直前缘的黑色线纹，后翅基半部有 2 条红棕色线呈平行状态而不汇合。雌蝶与雄性相似，但前翅顶角附近有 1 枚小白斑。

**寄主**　堇菜科（Violaceae）堇菜属（*Viola*）的植物。

**发生期**　一年 1 代，成虫多见于 6—8 月。

# 3.6 蛱蝶亚科 Nymphalinae

## 3.6.1 琉璃蛱蝶属 *Kaniska* Moore, 1899

### 18. 琉璃蛱蝶 *Kaniska canace* (Linnaeus, 1763)

中型蛱蝶。翅黑色，前翅 $Cu_2$ 脉及 $M_1$ 脉突出，后翅 $M_3$ 脉也突出。正面外中区有1条蓝紫色带，中室端外侧有1枚蓝紫色斜斑，前翅顶角附近的外中带呈现蓝白色。翅反面呈现斑驳的深色鳞纹，有1条宽阔的黑褐色中带，后翅中室端有1枚小白斑。

**寄主** 菝葜(*Smilax china*)等植物。

**发生期** 一年多代，成虫多见于5—6月。

## 3.6.2 钩蛱蝶属 *Polygonia* Hübner, 1819

### 19. 黄钩蛱蝶 *Polygonia c-aureum* (Linnaeus, 1758)

中型蛱蝶。夏季型的翅膀呈橙黄色，前翅 $Cu_2$脉及 $M_1$脉突出，后翅 $M_3$脉也突出，翅外缘较为尖锐。正面前翅中室内通常有3枚黑斑，中室端有1枚黑色斜斑，外中区呈现为1列“Z”形排列的黑斑，后翅基半部及外中区散布数枚黑斑，其中外中区的黑斑上还带有蓝点，前后翅亚外缘有波状黑带。反面呈浅黄色，中带呈深棕色的斑驳纹路，与正面的各黑斑位置相对应的地方为深棕色的暗纹，后翅中室端有1枚钩状银白色小斑。秋季型的体型较小，翅色较深，反面为深红褐色。

**寄主** 榆科(Ulmaceae)的榆(*Ulmus pumila*)、大麻科(Cannabaceae)的葎草(*Humulus scandens*)等植物。

**发生期** 一年多代，成虫几乎全年可见。

## 20. 白钩蛱蝶 *Polygonia c-album* (Linnaeus, 1758)

中型蛱蝶。与黄钩蛱蝶相似，个体稍小。但前翅中室基部无黑斑，前后翅外中区黑斑上也没有蓝点，翅外缘较为圆滑，反面亚外缘有数枚小蓝绿色斑。夏季型的颜色稍浅，反面为橙黄色，带有深褐色的中带，而秋季型的个体较小，颜色较深，反面呈灰色，并有深灰色的中带。

**寄主** 榆科（Ulmaceae）的榆（*Ulmus pumila*）和朴树（*Celtis sinensis*）、荨麻科（*Urticaceae*）的荨麻（Urtica fissa）、杨柳科（Salicaceae）的柳（*Salix babylonica*）等植物。

**发生期** 一年多代，成虫除冬季外全年可见。

## 3.6.3 红蛱蝶属 *Vanessa* Fabricius, 1807

### 21. 大红蛱蝶 *Vanessa indica* (Herbst, 1794)

中型蛱蝶。前翅顶角突出，端半部为黑色，靠近顶角处有几枚小白斑，中室端外侧有3枚相连的白斑，基区及后缘呈棕灰色，中部显示1条宽阔的橙红色斜带，上面有3枚不规则的黑斑，后翅为棕灰色，亚外缘为橙红色，内侧及其上各有1列黑斑，臀角的黑斑上有蓝灰色鳞片；前翅反面的斑纹与正面相似，但顶角为棕绿色，有浅色的亚外缘线，中室端部有1条蓝，后翅反面为棕绿色，具有深色斑块及白色细线，亚外缘上有不太明显的眼状斑纹，以及1列蓝灰色短条纹。

**寄主** 荨麻科（Urticaceae）的荨麻（*Urtica fissa*）和苎麻（*Boehmeria nivea*）、榆科（Ulmaceae）的榆（*Ulmus pumila*）等植物。

**发生期** 一年多代，成虫多见于5—10月。

## 22. 小红蛱蝶 *Vanessa cardui* (Linnaeus, 1758)

中型蛱蝶。与大红蛱蝶有多处相似之处，但个体比较小，橙色斑较浅，前翅顶角突出不太明显，$Cu_2$室内侧的橙色斑较大，后翅正面的橙色区域延伸至中室，亚外缘上有椭圆形的黑斑列；反面的颜色更为浅淡，后翅中室端有1枚近三角形的白斑，亚外缘上的眼状斑纹也更为显著。

**寄主** 榆科(Ulmaceae)的榆树(*Ulmus pumila*)、豆科(Fabaceae)的大豆(*Glycine max*)、菊科(Compositae)的艾(*Artemisia argyi*)等植物。

**发生期** 一年多代，成虫几乎全年可见。

## 3.6.4 眼蛱蝶属 *Junonia* Hübner, 1819

### 23. 翠蓝眼蛱蝶 *Junonia orithya* (Linnaeus, 1758)

中型蛱蝶。雌雄异形，分为湿季和旱季型。正面翅部呈黑色，前翅中室内有2处不太显眼的橙红色斑，边缘为黑色，从中室端外侧到$Cu_1$室外缘有1条倾斜的白色带，内侧边界较为曲折，$Cu_1$室及$M_1$室各有1枚眼状斑，$M_1$室上方有1枚白斑，后翅呈现蓝色光泽，亚外缘有2枚较大的眼状斑，前后翅的亚外缘各有2列条形白斑。夏季型反面呈暗黄色，前翅中室内有3枚橘色斑，同样被黑色边缘包围，最外侧的一处向下延伸至$Cu_1$室基部，中室端外侧有2处相连的不规则黑斑，亚外缘有1条黑线，后翅基部有多处黄褐色波状线纹，外中带呈黄褐色，前后翅反面与正面对应位置有眼斑，但较淡，瞳点不太清晰；秋季型后翅及前翅顶部为灰褐色且眼斑消失。雌蝶通常正面眼斑较大，后翅上的蓝色斑块局限于外半部，不延伸至中室，或者干脆没有蓝斑。

**寄主** 玄参科(Scrophulariaceae)的毛泡桐(*Paulownia tomentosa*)、旋花科(Convolvulaceae)的番薯(*Ipomoea batatas*)等植物。

**发生期** 一年多代，成虫多见于7—10月。

## 24. 美眼蛱蝶 *Junonia almana* (Linnaeus, 1758)

中型蛱蝶。雌雄同型，分为湿季型和旱季型。正面翅部呈橙黄色，前翅中室内有两处被黑线围绕的不规则斑纹，中室端有1枚黑斑，$Cu_1$室及$M_1$室各有1枚眼状斑，$M_1$室上方有1枚黑斑，后翅外中区上部有1枚大眼斑，$Cu_1$室有1枚小眼斑或者可能消失，前后翅的亚外缘有2条波状黑线。夏季型反面呈淡黄色，与正面斑纹相似，但前后翅有1条白色中带，基区有白色线状斑纹，后翅的大眼斑分为共环的2个。秋季型前翅$Cu_2$脉及$M_1$脉突出，后翅外缘在$M_3$脉处形成1个钝角，臀角突出，翅反面呈棕色，中带很细，基区有1条黄色细线。

**寄 主** 玄参科(Scrophulariaceae)的旱田草(*Lindernia ruellioides*)、爵床科(Acanthaceae)的水蓑衣(*Hygrophila ringens*)、马蓝(*Strobilanthes cusia*)等植物。

**发生期** 一年多代，成虫几乎全年可见。

## 3.6.5 蜘蛱蝶属 *Araschnia* Hübner, 1819

### 25. 曲纹蜘蛱蝶 *Araschnia doris* Leech, [1892]

小型蛱蝶。夏季型翅正面为黑褐色，前后翅亚基部带有橙黄色条纹，中带呈黄白色，在前翅的 $R_5$ 室至 $M_2$ 室有3枚紧挨的黄白色斑，$M_3$ 室处极为狭窄，前后翅外中区至亚外缘区域有一片橙黄色区域，上面有2列黑褐色斑。反面斑纹位置与正面相似，基半部翅脉、亚基部条纹、中带及外侧浅色区均为浅黄白色，浅色区上内列斑纹为棕褐色，具有1列淡蓝紫色圆斑，外缘有浅黄白色线，后翅中带外缘的黑褐色区域被浅黄白色带截断。春季型个体正面前翅的黑斑较弱，中带为橙黄色，并与外侧橙黄色区域融合在一起，前后翅 $Cu_1$ 室至 $M_2$ 室中部有1列白色小圆点。反面后翅中带较细，中部有1列暗色斑，前后翅 $M_2$ 室至 $M_3$ 室具有淡紫色光泽。

**寄主** 荨麻科(Urticaceae)荨麻属(*Urtica*)的植物。

**发生期** 一年2代，成虫多见于6—7月。

# 3.7 螯蛱蝶亚科 Charaxinae

## 3.7.1 螯蛱蝶属 *Charaxes* Ochsenheimer, 1816

### 26. 白带螯蛱蝶 *Charaxes bernardus* (Fabricius, 1793)

大型蛱蝶。此种有2种类型，分别为黄色型和白色型。正面翅呈橘红色，前翅的顶角突出，通常具有1条宽阔的白色中带，从后缘一直延伸至$R_5$室，内侧有黑线勾勒，外侧有波浪形黑线与宽阔的黑边相连，后翅外缘在$M_3$脉处尖出，白带从$R_2$室开始逐渐变窄，亚外缘有1列黑斑，从前缘向臀角逐渐变窄，其上有白色斑点。反面呈棕灰色，从翅基向外有4条波状黑线，第二条内侧及第三条外侧有白边，第四条外侧有棕红色带，后翅亚外缘有1列小白点。雌蝶个体较大，翅面白斑通常较发达，后翅$M_3$脉凸出更显著。

**寄主** 樟科（Lauraceae）的樟（*Cinnamomum camphora*）和阴香（*C. burmanni*）、潺槁木姜子（*Litsea glutinosa*）等植物。

**发生期** 一年多代，成虫几乎全年可见。

## 3.7.2　尾蛱蝶属 *Polyura* Billberg, 1820

### 27. 二尾蛱蝶 *Polyura narcaea* (Hewitson, 1854)

中大型蛱蝶。翅呈淡绿色，前翅中室后脉有1条黑纹并沿$M_3$脉延伸至前翅中部，中室端脉的黑斑与下方及前翅前缘的黑斑融合，前后翅外中带和亚外缘带呈黑色，后翅亚外缘带在$M_3$脉下方有1条蓝色带，后翅外缘在$M_3$脉及$Cu_1$脉处形成尾状突起，尾突为黑色，中部有蓝斑，臀角处有1枚黄斑，后翅基部至臀角有1条灰色带。反面的斑纹与正面相似，但呈棕绿色，有的带有黑边，前翅中室有黑点，后翅亚外缘有1列黑点。淡色型的正面黑色外中带和亚外缘带之间的淡绿色范围较大，连成1个宽带，而暗色型沿翅脉有黑斑，将淡绿色带分割成孤立的斑，且前翅基部的灰色鳞片较多。通常淡色型发生较早，暗色型发生较晚，但也能同时观察到两种类型的个体。

**寄主**　含羞草科(Mimosoideae)的山槐(*Albizia kalkora*)等植物。

**发生期**　一年多代，成虫多见于4—8月。

# 3.8 闪蛱蝶亚科 Apaturinae

## 3.8.1 闪蛱蝶属 *Apatura* Fabricius, 1807

### 28. 柳紫闪蛱蝶 *Apatura ilia* (Denis et Schiffermuller, 1775)

中型蛱蝶。成虫多种色型，棕色型的翅呈棕黄色，雄蝶的翅面有紫色反光，前翅中室内有4枚黑点，中室端外有3枚相连的浅色斑，顶角附近有2枚白斑，上方1枚较大，外中区有1列暗色斑，其中$M_3$室有1枚白点，$Cu_1$室为1枚眼状斑，$Cu_1$室基部及其下方各有1枚浅色斑；后翅有1条浅黄白色中带，外中区有1列暗色斑，其中$Cu_1$室为1枚眼状斑，中室内有1枚小黑点。反面为浅土黄色，斑纹与正面相似，但外中区的黑斑较退化，后翅仅保留暗褐色斑纹，前翅中域白斑内侧均有黑色阴影。黑色型个体的翅面为黑褐色，斑纹与棕色型类似。

**寄主** 杨柳科(Salicaceae)的毛白杨(*Populus tomentosa*)、山杨(*P. davidiana*)和垂柳(*Salix babylonica*)等植物。

**发生期** 一年2代或多代，成虫多见于5—9月。

## 3.8.2 迷蛱蝶属 *Mimathyma* Moore, 1896

### 29. 迷蛱蝶 *Mimathyma chevana* (Moore, [1866])

中型蛱蝶。正面翅黑色，中部后缘有1条长长的白色斑块，中部区域还有一些不规则排列的白色斑点，下方几个白斑周围有深蓝色的反光，而且亚外缘还有1列小白斑；后翅上有1条白色的中间带，周围也有深蓝色的反光，而外中带则是1排被翅脉分割开的白斑。翅的反面是银白色的，前翅中部和$M_3$脉下方区域是黑色的，有一些与正面对应的白斑，中部内侧有4个小黑点，而且中部端外侧从前缘到$M_3$脉有1条棕红色斜带，前后翅亚外缘和外缘区域呈棕红色，后翅外中区有1条红棕色带，从前缘靠近前角处一直延伸到臀角位置。

**寄主** 榆科(Ulmaceae)榆属(*Ulmus*)和桦木科(Betulaceae)鹅耳枥属(*Carpinus*)等植物。

**发生期** 一年多代，成虫多见于3—10月。

## 3.8.3 白蛱蝶属 *Helcyra* Felder, 1860

### 30. 银白蛱蝶 *Helcyra subalba* (Poujade, 1885)

中型蛱蝶。雌雄同型，成虫可分为秀袖型和普通型。正面翅膀呈深灰色，前翅的$R_5$室、$M_1$室、$M_3$室、$Cu_1$室各有1块白斑，而$Cu_2$室内的白色斑点则较为淡化；后翅的前缘有1块白斑，后面的白色带非常微弱，亚外缘有1条暗色线。翅的反面是银白色的，白斑与正面相同，前翅后角至$Cu_1$室白斑外侧有一些深灰色斑块。

**寄主** 榆科（Ulmaceae）的朴树（*Celtis sinensis*）等植物。

**发生期** 一年2代或多代，成虫多见于5—8月。

## 3.8.4 脉蛱蝶属 *Hestina* Westwood, [1850]

### 31. 黑脉蛱蝶 *Hestina assimilis* (Linnaeus, 1758)

大型蛱蝶。普通型的翅膀呈淡绿色，在各个翅脉上都有黑色条纹，$Cu_2$室中部有1条黑色条纹从基部一直延伸到外缘，翅膀外缘也是黑色的，从亚外缘向内有4条黑色带，这些带从前翅的前缘延伸出来，前两条一直延伸到后缘，第三条止于$Cu_2$脉，第四条延伸至$M_3$脉；后翅的外中区和外侧是黑色的，其中$R_1$室、$R_2$室、$M_1$室各有2枚白斑，亚外缘从$M_1$室一直延伸到臀角有4~5枚红斑，其中$Cu_1$室及$M_3$室红斑中央各有1枚黑点。淡色型个体仅沿翅脉的黑色条纹较为发达，前后翅外缘为黑色，前翅的亚外缘带有黑色，内侧的黑带退化，通常不太明显，后翅的亚外缘有1列不太明显的黑斑，红斑则退化或消失；反面的黑斑更为微弱。

**寄主**　榆科(Ulmaceae)的朴树(*Celtis sinensis*)、四蕊朴(*C. tetrandra*)和黑弹树(*C. bungeana*)等植物。

**发生期**　一年3~4代，成虫多见于5—8月。

### 32. 拟斑脉蛱蝶 *Hestina persimilis* (Westwood, [1850])

中型蛱蝶。有多型现象，翅呈淡绿白色，在各个翅脉上都有黑色条纹，前翅的$Cu_2$室中部有1条细黑线从中部延伸到外缘，翅膀外缘为黑色，自基部向顶角有4条不规则的黑色带将底色部分分割成若干斑块状的区域。后翅的外中区和外侧为黑色，外缘和亚外缘各有1列小白点，$M_1$室基部至$Se+R_1$室有1枚近圆形的黑斑。

**寄主** 榆科（UImaceae）的朴树（*Celtis sinensis*）。

**发生期** 发生世代不详，成虫多见于4—9月。

## 3.8.5 猫蛱蝶属 *Timelaea* Lucas, 1883

### 33. 猫蛱蝶 *Timelaea maculata* (Bremer et Grey, [1852])

中小型蛱蝶。雌雄同型，翅膀呈金黄色，前翅中室内有6枚黑斑，其中4枚近似圆形，基部1枚较长，$Cu_2$室基部和2A室各有1枚长黑斑，前后翅亚外缘至内中区共有4列黑斑，亚外缘斑近似菱形，外中斑列各斑近似椭圆形，中斑列各斑接近矩形，仅前翅$M_3$室黑斑较小，后翅中室内有4枚黑色圆斑，$Cu_2$室基部有1黑色条斑。反面与正面相似，但前翅亚顶区、$R_5$室及后翅第二列黑斑以内除去$Cu_2$室、$Cu_1$室基部外的区域底色为白色，后翅肩区有1枚黑斑。

**寄主** 榆科(Ulmaceae)的黑弹朴(*Celtis bungeana*)等植物。

**发生期** 一年1代，成虫多见于5—9月。

# 3.9 线蛱蝶亚科 Limenitinae

## 3.9.1 线蛱蝶属 *Limenitis* Fabricius, 1807

### 34. 残锷线蛱蝶 *Limenitis sulpitia* (Cramer, 1779)

中型蛱蝶。翅正面为黑褐色，前翅中室后缘有1条状白斑，大约在距离基部2/3处断开或有一凹痕，外中斑列为1列白斑，从$R_5$室至$M_2$室为长白斑，在$M_3$室为1小白点，在$Cu_1$室为1枚近圆形白斑，亚顶区有1列小白点，亚外缘斑列为白色，而外缘斑列为灰褐色；后翅中带有白色，外中区有1列黑色斑，外侧有1列近梯形的白斑，从前缘至后缘逐渐变大，外缘斑列为灰褐色；反面底色为红褐色，斑纹与正面相似，但前后翅外缘斑列为白色，前翅$Cu_2$室至$M_3$室外中斑列内侧为深褐色，后翅基部有1白斑，其上有数枚黑点，梯形斑列内缘有1列褐色点。

**寄主** 忍冬科(Caprifoliaceae)的忍冬(*Lonicera japonica*)等植物。

**发生期** 一年1代，成虫多见于6—7月。

### 35. 扬眉线蛱蝶 *Limenitis helmanni* Lederer, 1853

中型蛱蝶。翅正面呈现黑褐色，前翅中室后缘有1条状白斑，外侧还有1枚近三角形的白斑，外中斑列为白色，$R_5$室至$M_2$室为长白斑，$M_3$室及$Cu_1$室为近圆形白斑，亚顶区有几枚小白斑，亚外缘具有1列窄白斑，外缘斑列为暗褐色，边缘不太清晰；后翅具有1条白色中带，亚外缘斑列为窄白斑，外缘斑列不太清晰。反面底色为红棕色，斑纹与正面相似，但前翅$M_3$室至$Cu_2$室外中斑列内侧有黑褐色阴影区，后翅基部为灰白色，上有几枚黑点，中带外侧具有1列深棕色斑，前后翅外缘斑列为白色。

**寄主** 忍冬科(Caprifoliaceae)的金银忍冬(*Lonicera maackii*)等植物。

**发生期** 一年1代，成虫多见于6—8月。

## 3.9.2 环蛱蝶属 *Lethe* Fabricius, 1807

### 36. 小环蛱蝶 *Neptis sappho* (Pallas, 1771)

小型蛱蝶。翅膀正面为黑褐色，触角末端呈明显的黄色，雌雄斑纹相似，前翅中室内有1条状白斑，外部有时带有不太明显的断痕，中室端外侧有1枚三角形白斑，外中斑列从$R_4$室到达2A室，但在$M_2$室处缺失，外中线及外缘线不太明显，亚外缘有1列小白点；后翅中带为白色，中线较模糊，外中区具有1列矩形白斑，亚外缘线不太明显。翅膀反面底色为红棕色，斑纹与正面相似，但前翅具有较弱的白色外中线，$Cu_2$室、$Cu_1$室、$M_2$室、$M_1$室具有白色外缘线，后翅基部及亚基部各有1条弯曲的白色条纹，中线、亚外缘线为白色，外缘线通常较弱。

**寄主** 豆科(Fabaceae)的胡枝子(*Lespedeza bicolor*)、山黧豆(*Lathyrus quinquenervius*)和山葛(*Pueraria montana*)等植物。

**发生期** 一年多代，成虫多见于4—10月。

## 37. 中环蛱蝶 *Neptis hylas* (Linnaeus, 1758)

中型蛱蝶。与小环蛱蝶相似，但体型较大，前翅外中带发达，$M_1$室及$R_5$室2枚外中斑重叠部分较长，仅以翅脉分割。翅反面底色为棕黄色而非棕红色，各白斑都带有一些黑色边缘。腹面呈鲜明的橙黄色。

**寄主** 榆科(Ulmaceae)的山麻黄(*Ephedra equisetina*)、豆科(Fabaceae)的胡枝子(*Lespedeza bicolor*)、桑科(Moraceae)的构树(*Broussonetia papyrifera*)等植物。

**发生期** 一年多代，成虫多见于4—10月。

# 4 灰蝶科 Lycaenidae

灰蝶科成虫为小型蝴蝶，翅色多样，雌雄异型，正面色斑不同，但反面相同。复眼周围有一圈白毛，触角短而锤状，每节有白色环。雄蝶前足可能退化。生活在森林中，也有少数种类为害农作物。喜欢在日光下飞翔，卵散布在嫩芽上。幼虫呈蛞蝓型，体表具有多角形雕纹。有些种类的蝴蝶与蚂蚁共栖。以卵或幼虫越冬。蛹缢蛹。椭圆形，光滑或被细毛。寄主多为豆科，也有捕食蚜虫和介壳虫的。

# 4.1 云灰蝶亚科 Miletinae

## 4.1.1 蚜灰蝶属 *Taraka* (Druce, 1875)

### 1. 蚜灰蝶 *Taraka hamada* Druce, 1875

小型灰蝶。翅正面呈黑灰色,前翅中部偶尔会有朦胧的白斑。翅反面呈白色,前后翅上均散布着黑色斑点,并带有黑色外缘线,外缘各翅脉端还带有黑点。雌蝶的翅型较雄蝶略圆润。

**寄主** 蚜科(Aphididae)的棉蚜(*Aphis gossypii*)等蚜虫。

**发生期** 一年多代,成虫全年可见。

# 4.2 银灰蝶亚科 Curetinae

## 4.2.1 银灰蝶属 *Curetis* Hübner, [1819]

### 2. 尖翅银灰蝶 *Curetis acuta* Moore, 1877

中型灰蝶。雄蝶正面翅呈黑褐色，前翅中室后缘、$Cu_2$室基部、$Cu_1$室基部及$M_3$室基部各有一处橙色斑；后翅上半部的橙斑排列形字母“C”的形状。翅反面呈银白色，散布着黑褐色鳞片，前翅顶角至后缘中部以及后翅前缘中部至臀角有1列不太明显的斑纹。雌蝶与雄蝶相似，但正面斑纹为白色，分布在前翅中部。秋季型个体的前翅顶角、后翅外缘$M_3$脉及2A脉处突出较为明显，雄蝶正面橙红色斑更加发达，雌蝶的前翅中域至基部有大面积白斑，在中室端有一处底色缺刻，后翅白斑也很发达，中室端具一处灰褐色斑。

**寄主**　豆科(Fabaceae)的紫藤(*Wisteria sinensis*)等植物。

**发生期**　一年多代，成虫在南方全年可见。

# 4.3 线灰蝶亚科 Theclinae

## 4.3.1 丫灰蝶属 *Amblopala* Leech, [1893]

### 3. 丫灰蝶 *Amblopala avidiena* (Hewitson, 1877)

中型灰蝶。翅正面为黑褐色，前翅基半部具有深蓝色斑，从 $M_2$ 室至 $Cu_1$ 室有一处橙色斑；后翅中室及附近有一处深蓝色斑，后翅在 $Sc+R_1$ 脉末端突出，臀角向外呈叶柄状。翅反面为红棕色，前翅从顶角附近前缘至臀角有1条银白色线，其内侧区域颜色略浅；后翅从前缘至臀角有一处呈“丫”字形的条纹，具有银白色边，臀角至外中区及臀区有不太清晰的白色条纹。该种常栖息在阔叶林中，并以蛹态越冬。

**寄主** 豆科(Fabaceae)的山合欢(*Albizia kalkora*)等植物。

**发生期** 一年1代，成虫多见于2—6月。

## 4.3.2 燕灰蝶属 *Rapala* Moore, [1881]

### 4. 东亚燕灰蝶 *Rapala micans* (Bremer et Grey, 1853)

中小型灰蝶。翅正面呈黑褐色，前翅后半部和后翅具有深蓝色的光泽，后翅$Cu_2$脉端有尾突，臀角呈耳垂状突起，雄蝶的$R_1$室基部有1枚黑色半圆形性标。翅反面为土黄色，前后翅中室端的斑纹较为淡薄，外中带呈深黄褐色，有白色边缘，黄褐色亚外缘斑和外缘斑较模糊，后翅$Cu_1$室外部有一处橙色斑和一处黑色圆斑，$Cu_2$室外部有一处黑斑，其上覆盖灰白色鳞片，2A室外缘有1条黄褐色线，内侧有白色边缘，臀角耳垂状突起为黑色。春季型个体正面前翅外中部具有一处较大的橙红色斑，反面颜色略偏向红色。

**寄主** 豆科(Fabaceae)的苜蓿(*Medicago sativa*)等植物。

**发生期** 一年多代，成虫除冬季外全年可见。

## 5. 蓝燕灰蝶 *Rapala caerulea* (Bremer et Grey, 1852)

中型灰蝶。雄蝶翅正面为黑褐色，前翅 $M_2$ 室至 $Cu_1$ 室和后翅臀角附近有模糊的橙色斑，后翅 $Cu_2$ 脉端有尾突，臀角处呈耳垂状突起，$R_1$ 室基部有1枚微小的灰色半圆形性标。翅反面为暗黄色，前后翅中室端斑为橙褐色，外中带为橙褐色，具有模糊的浅色边缘，亚外缘和外缘各有1列模糊的橙褐色带，臀角斑为橙色，其中 $Cu_1$ 室有一处黑色圆斑，$Cu_2$ 室上有一处黑斑，其上覆盖灰白色鳞片，臀角耳垂状突起为黑色。雌性蝶正面为黑褐色，具有微弱的淡蓝色光泽。春季型个体正面橙色斑较为显著，反面底色为浅灰色，除臀角附近外，斑纹均为灰色。

**寄主** 豆科(Fabaceae)的胡枝子属(*Lespedeza*)及绣球花科(Hydrangeaceae)的溲疏属(*Deutzia*)等植物。

**发生期** 一年多代，成虫除冬季外终年可见。

## 4.3.3 生灰蝶属 *Sinthusa* Moore, 1884

### 6. 生灰蝶 *Sinthusa chandrana* (Moore, 1882)

小型灰蝶。雄蝶翅正面呈黑褐色，后翅中室、$M_1$室、$M_2$室及$M_3$室至$Cu_2$室外部呈闪紫色光泽，$Sc+R_1$室和Rs室基部具有性标，$Cu_2$脉端有尾突。翅反面为灰白色，亚外缘以内各处为灰褐色，两侧具有白边，前后翅各有1枚中室端斑，前翅中带在$M_3$脉上方向外延伸，后翅中带在$M_1$室至$M_2$室向外延伸，并在$Cu_2$脉以内发生内移，后翅亚基部具有数枚黑点，或者退化，前后翅亚缘斑较模糊，后翅$Cu_1$室外侧有1枚橙色斑，其中部有1枚黑色圆斑。雌蝶正面为黑褐色，反面与雄蝶相似。

**寄主** 蔷薇科(Rosaceae)的悬钩子属(*Rubus*)植物。

**发生期** 一年多代，成虫除冬季外终年可见。

## 4.3.4 梳灰蝶属 *Ahlbergia* Bryk, 1946

### 7. 尼采梳灰蝶 *Ahlbergia nicevillei* (Leech, 1893)

小型灰蝶。雄蝶的翅膀正面是黑灰色的，翅中域至基部有蓝色的鳞片，前翅近前缘中部有1枚深灰色的长椭圆形性标，后翅外缘的波状纹路不太明显，臀角向内突出。翅膀的反面是暗红褐色，斑纹为棕褐色，前翅外中域具有1列模糊不清的斑，后翅中带在$R_2$室略微向外突出，在$M_3$室明显向外突出，外中区有1列模糊的斑，2A室中带外侧有灰白色的鳞片。雌蝶的正面也是黑灰色，翅中域至基部有蓝色闪光，反面与雄蝶相似。

**寄主** 忍冬科(Caprifoliaceae)忍冬属(*Lonicera*)等植物。

**发生期** 一年1代，成虫多见于3—5月。

## 4.3.5 洒灰蝶属 *Satyrium* Scudder, 1897

### 8. 大洒灰蝶 *Satyrium grandis* (Felder et Felder, 1862)

大型灰蝶。雄蝶的翅膀正面是黑褐色的，前翅中室端前方有1枚浅灰色的性标，后翅 $Cu_2$ 脉端具有尾突，$Cu_1$ 脉端有1个很短的尾突。翅的反面是灰褐色的，前后翅都有白色的外中线，其中后翅外中线在臀角内侧呈"W"形状，前翅亚外缘斑为黑褐色，具有模糊的灰白色边，后翅亚外缘斑中部为橙红色，内外侧为黑色，具有模糊的灰白色边，臀角附近 $Cu_1$ 室及2A室有橙红色斑外侧有1枚黑色圆斑，$Cu_2$ 室的橙红色斑外侧的黑斑上散布着灰白色鳞片，前后翅的外缘线为白色。雌蝶的翅膀较为圆形，正面也是黑褐色的，反面与雄蝶相似。

**寄主** 豆科(Fabaceae)的紫藤(*Wisteria sinensis*)、蔷薇科(Rosaceae)的苹果(*Malus pumila*)等植物。

**发生期** 一年1代，成虫多见于5—7月。

## 9. 优秀洒灰蝶 *Satyrium eximia* (Fixsen, 1887)

中型灰蝶。雄蝶翅正面呈黑褐色，前翅中室端前方有1枚灰色的性标，后翅 $Cu_2$ 脉端具有尾突。翅反面是灰褐色的，前后翅都有白色的外中线，其中后翅外中线在臀角内侧呈“W”形状，前翅亚外缘斑较弱，后翅亚外缘斑为橙红色，内侧有黑线勾勒，并具有模糊的白色边，臀角附近 $Cu_1$ 室及2A室有橙红色斑外侧有1枚黑色圆斑，$Cu_2$ 室的橙红色斑外侧的黑斑上散布着灰白色鳞片，前后翅的外缘线为白色。雌蝶的翅膀为圆形，正面在臀角处具有模糊的橙色斑，反面与雄蝶相似。

**寄主**　鼠李科(Rhamnaceae)的鼠李(*Rhamnus davurica*)、榆科(Ulmaceae)的大果榆(*Ulmus macrocarpa*)等植物。

**发生期**　一年1代，成虫多见于5—8月。

# 4.4 灰蝶亚科 Lycaeninae

## 4.4.1 灰蝶属 *Lycaena* Fabricius, 1807

### 10. 红灰蝶 *Lycaena phlaeas* (Linnaeus, 1761)

中小型灰蝶。翅正面为黑褐色，前翅亚缘区以内为橙红色，中室端半部有2枚黑褐色斑，外中区有1列黑褐色斑；后翅的亚外缘有1条波状的橙红色带。翅反面前翅外缘及后翅呈浅灰色，前翅外缘区以内为浅橙色，前翅亚缘区$M_1$室至$Cu_2$室有1列逐渐增大的黑色斑，外中区有1列黑色斑，具有白色边缘，排列方式与正面相似，中室内有3枚黑斑，也具有白色边缘；后翅基半部具有数枚小黑点，中室端斑为黑色，外中区有1列小黑点，亚外缘有1列波状红线。该种是较为常见的灰蝶。

**寄主** 蓼科(Polygonaceae)的皱叶酸模(*Rumex acetosa*)等植物。

**发生期** 一年多代，成虫多见于4—9月。

# 4.5 眼灰蝶亚科 Polyommatinae

## 4.5.1 黑灰蝶属 *Niphanda* Moore, [1875]

### 11. 黑灰蝶 *Niphanda fusca* (Bremer et Grey, 1853)

中型灰蝶。雄蝶翅正面为黑褐色，具有暗蓝紫色的闪光。反面呈浅灰色，前翅 $Cu_2$ 室基部及中室中下部有1枚灰黑色斑，中室端部有1枚近方形的深灰色斑，中斑列为深灰色，其中 $Cu_1$ 室1枚内移；后翅亚基部及中域各有1列深灰色圆斑，具有灰白色边缘，中室端斑为深灰色，也具有灰白色边缘，前后翅亚缘斑列及外缘斑列为底色或略深，两侧具有模糊的灰白色斑点。雌蝶深色型个体翅型较圆，翅正面为黑褐色，前翅中室端有1枚黑色斑，中区有1列黑斑，后翅斑纹不太清晰。浅色型个体正面前翅中域为白色，近基部为浅蓝色，后翅近基部为浅蓝色，外侧为灰白色，斑纹与深色型相似。反面与雄蝶相似。

**寄主**　以蚁科（Formicidae）昆虫的幼虫为食。

**发生期**　一年2代，成虫多见于5—8月。

# 4.5.2 锯灰蝶属 *Orthomiella* de Nicéville, 1890

## 12. 中华锯灰蝶 *Orthomiella sinensis* (Elwes, 1887)

小型灰蝶。翅正面为黑褐色，前翅中域至基部及后翅上半部具有深蓝紫色的光泽。反面呈棕褐色，斑纹为深棕褐色，前翅中室中部及端部各有1枚短斑，$Cu_1$室及$M_3$室各有1枚近圆形斑，亚外缘带模糊；后翅亚基部及中部有模糊的深棕褐色斑带。

**寄主** 壳斗科(Fagaceae)等植物。

**发生期** 一年1代，成虫多见于3—5月。

## 4.5.3 雅灰蝶属 *Jamides* Hübner, [1819]

### 13. 雅灰蝶 *Jamides bochus* (Stoll, [1782])

小型灰蝶。雄蝶正面翅呈黑褐色，前翅中部至基部以及后翅有海蓝色闪光，后翅有尾突。反面为棕灰色，各斑纹为底色，两侧有白色边缘，前后翅有中室端斑、中横带和亚缘斑列，亚缘斑列边缘呈波状白纹，后翅有数个亚基斑，臀角附近有1枚橙红色斑，$Cu_1$室橙红色斑中间有1枚黑色圆斑，外缘线为白色。雌蝶翅正面为黑褐色，前后翅中部至基部有蓝色光泽，后翅有1列亚缘斑。反面与雄蝶相似。

**寄主** 豆科(Fabaceae)葛属(*Pueraria*)等植物。

**发生期** 一年多代，成虫多见于5—12月。

## 4.5.4 亮灰蝶属 *Lampides* Hübner, [1819]

### 14. 亮灰蝶 *Lampides boeticus* Linnaeus, 1767

中型灰蝶。雄蝶翅正面呈深褐色，除外缘及后翅前缘外具有蓝紫色的光泽，后翅臀角附近有2枚黑斑，$Cu_2$脉端具尾突。反面为浅灰褐色，亚外缘以内区域各斑中部为白色，两边为底色或略深，两侧具白边，前后翅中室中部及端部各有1枚斑，后翅$Cu_2$室基半部有1枚斑，$R_1$室基半部有2枚相连的斑，前后翅外中区各有1列斑，其外侧有1条白带，后翅白带较粗，前翅则较细，前后翅亚缘斑及外缘线均为白色，后翅$Cu_1$室至$Cu_2$室亚外缘有1枚橙色斑，其外侧各有1枚黑色斑，上有浅色闪光鳞片。雌蝶正面为深褐色，前翅外中域至基部、后翅中域至基部具蓝色鳞片，后翅亚缘斑为环状，灰白色，其内侧有1条模糊的灰白色带。反面与雄蝶相似。

**寄主** 豆科(Fabaceae)的扁豆(*Lablab purpureus*)、猪屎豆(*Crotalaria pallida*)和田菁(*Sesbania cannabina*)等植物。

**发生期** 一年多代，成虫几乎全年可见。

# 4.5.5 酢浆灰蝶属 *Pseudozizeeria* Beuret, 1955

## 15. 酢浆灰蝶 *Pseudozizeeria maha* (Kollar, [1844])

小型灰蝶。雄蝶翅正面为深褐色,具有蓝紫色光泽的亚缘区。反面呈灰白色,前后翅中室端斑为灰褐色,外中区各有1列黑褐色圆点,亚缘斑及外缘斑为深褐色,外缘线为黑褐色,前后翅各有数枚黑褐色亚基部圆点。而雌蝶翅正面为黑褐色,反面与雄蝶相似。在秋季型中,雄蝶翅正面具有浅蓝色光泽,而雌蝶翅正面散布蓝色鳞片,反面为浅灰色,后翅斑纹色稍浅,亚缘区以内各斑具有灰白色边。

**寄主** 酢浆草科(Oxalidaceae)的黄花酢浆草(*Oxalis pes-caprae*)。
**发生期** 一年多代,成虫除冬季外均可见。

## 4.5.6 蓝灰蝶属 *Everes* Hübner, [1819]

### 16. 蓝灰蝶 *Everes argiades* (Pallas, 1771)

小型灰蝶。翅正面呈黑褐色，除外缘区和后翅前缘区外具有蓝紫色光泽，后翅具有尾突。反面为灰白色，前后翅各有1枚灰色中室端斑，外中区有1列黑点，亚外缘斑及外缘斑呈灰色至黑色，前后翅靠近臀角处亚缘斑及外缘斑之间有橙红色斑，后翅亚基部有数枚黑点。雌蝶正面为黑褐色，后翅 $Cu_1$ 室及 $M_3$ 室亚外缘各有2枚橙红色斑。反面与雄蝶相似。

**寄主** 豆科(Fabaceae)的苜蓿(*Medicago sativa*)以及大麻科(Cannabaceae)的葎草(*Humulus scandens*)等植物。

**发生期** 一年多代，成虫多见于3—11月。

## 4.5.7 玄灰蝶属 *Tongeia* Tutt, [1908]

### 17. 点玄灰蝶 *Tongeia filicaudis* (Pryer, 1877)

小型灰蝶。与玄灰蝶非常相似，但前翅反面$Cu_2$室基半部及中室中部各有1枚黑斑。雌雄的斑纹相似，翅背面底色为黑褐色，前翅无斑纹，后翅外缘和亚外缘有隐约模糊的黑斑，边缘有模糊的淡蓝线。

**寄主** 景天科(Crassulaceae)的圆叶景天(*Sedum makinoi*)、星果佛甲草(*Sedum actinocarpum*)和火焰草(*Castilleja pallida*)等植物。

**发生期** 一年3~4代，成虫多见于4—10月。

## 4.5.8 妩灰蝶属 *Udara* Toxopeus, 1928

### 18. 白斑妩灰蝶 *Udara albocaerulea* (Moore, 1879)

小型灰蝶。雄蝶翅正面为黑褐色，前翅顶角附近有黑褐色边缘，反面呈灰白色，前后翅中室端斑为灰色且呈线状，外申斑为黑色，前翅外中斑多为倾斜的短线状，后翅外中斑为不规则的点状。雌蝶正面为黑褐色，淡蓝色斑局限于前翅中域至基部及后翅除前缘区外的区域，前翅中域有模糊的白斑。反面与雄蝶相似。

**寄主** 忍冬科(Caprifoliaceae)的珊瑚树(*Viburnum odoratissimum*)和吕宋荚蒾(*V. luzonicum*)等植物。

**发生期** 一年多代，成虫在亚热带地区多见于5—10月，热带地区几乎全年可见。

## 4.5.9 琉璃灰蝶属 *Celastrina* Tutt, 1906

### 19. 琉璃灰蝶 *Celastrina argiolus* (Linnaeus, 1758)

中型灰蝶。雄蝶正面为黑褐色，除外缘及前翅顶角外，具有淡蓝色光泽。反面呈灰白色，后翅亚基部有数枚小黑点，前后翅中室端斑为灰色，外中斑呈点状，颜色由黑色至灰色不等，亚外缘斑纹短弧线状，灰色，较模糊，外缘斑点状，颜色为黑色至灰色。雌蝶正面为黑褐色，前翅中域至基部、后翅 $M_1$ 脉后方亚外缘区内侧具淡蓝色或蓝白色光泽，前翅中室端斑为黑褐色，后翅有1列淡蓝色或蓝白色亚缘斑。反面与雄蝶相似。

**寄主** 虎耳草科(Saxifragaceae)的黑茶藨子(*Ribes nigrum*)、豆科(Fabaceae)的槐(*Styphnolobium japonicum*)和蔷薇科(Rosaceae)等植物。

**发生期** 一年多代，成虫多见于4—10月。

# 5　弄蝶科 Hesperiidae

弄蝶科成虫一般体型小至中等，通常呈暗色、黑色、褐色或棕色，少数为黄色或白色，具有显著的触角特征。它们飞翔迅速，喜欢在花丛中活动，多在早晚活动，多雨年份发生较多。卵呈半圆球形或扁圆形，有不规则的雕纹，多散产。幼虫头大，身体纺锤形，常附有白色蜡粉，夜间活动频繁。蛹呈长圆柱形，光滑无突起，上唇分为3瓣，喙长。这种蝴蝶主要危害禾本科植物，有时也为害豆科等作物，分布于全国各地。

# 5.1 竖翅弄蝶亚科 Coeliadinae

## 5.1.1 趾弄蝶属 *Hasora* Moore, [1881]

### 1. 无趾弄蝶 *Hasora anurade* Nicéville, 1889

中大型弄蝶。雄蝶翅正面呈黑褐色，近基部有着褐色毛，前翅亚顶角有3枚淡色小斑。反面前翅端半部及后翅具有深蓝紫色光泽，前翅亚顶角有3枚淡色小斑，后翅中室内有1枚银白色小斑，外中区具一模糊的白色宽带，仅$Cu_2$室较明显。雌蝶与雄蝶相似，但正反面前翅中室端部、$Cu_1$室中部、$M_3$室中部靠内侧各有1枚淡色矩形斑。

**寄主**　豆科（Fabaceae）的崖豆藤属（*Millettia*）及红豆属（*Ormosia*）。

**发生期**　一年1代，成虫多见于4—10月。

# 5.2 花弄蝶亚科 Pyrginae

## 5.2.1 珠弄蝶属 *Erynnis* Schrank, 1801

### 2. 深山珠弄蝶 *Erynnis montanus* (Bremer, 1861)

中型弄蝶。翅正面呈深褐色,前翅上散布着灰白色鳞片,斑纹多不清晰,亚顶区具有3枚灰白色小斑;后翅中室端具1枚淡黄色横斑,外中区至亚外缘有2列淡黄色斑,内列斑较大,呈曲折排列,外列斑稍小。反面与正面相似,但前翅外中区至外缘有3列模糊的浅黄色斑。

**寄主** 栎属(*Quercus*)的夏栎(*Q. robur*)、槲树(*Q. dentata*)和栓皮栎(*Q. variabilis*)等植物。

**发生期** 一年1代,成虫多见于4月。

## 5.2.2 花弄蝶属 *Pyrgus* Hübner, [1819]

### 3. 花弄蝶 *Pyrgus maculatus* (Bremer et Grey, 1853)

中小型弄蝶。夏季型的翅正面呈黑褐色，前翅中室外部有1枚白色窄斑，中室端有1条白线，亚顶角$R_3$室到$R_5$室有相连的3枚小白斑，$M_1$室及$M_2$室外侧各有1枚小白斑，$M_3$室及$Cu_1$室中部各有1枚略倾斜的白色斑，$Cu_1$室基部另有1枚三角形小白斑，$Cu_1$室外侧白斑下方有2枚错开排列的小白斑；后翅中域有3~4枚白斑排成一列。反面前翅与正面近似，后翅呈浅褐色，中带白色，其外缘参差不齐，基区及臀区为白色，臀角为黑褐色，$R_1$室基半部有1枚小白斑。春季型与夏季型相似，但后翅正反面具1列亚外缘白斑。

**寄主** 蔷薇科(Rosaceae)的欧亚绣线菊(*Spiraea media*)和三叶委陵菜(*Potentilla freyniana*)等植物。

**发生期** 一年多代，成虫多见于4—7月。

## 5.2.3 白弄蝶属 *Abraximorpha* Elwes et Edwards, 1897

### 4. 白弄蝶 *Abraximorpha davidii* (Mabille, 1876)

中型弄蝶。翅正面暗褐色,前翅中室基半部有1条白色条斑,端部有1枚方形大白斑,白斑上方另有1条状白斑,$R_2$室至$M_2$室有1列小白斑,其中$M_1$室及$M_2$室的白斑偏向外侧,$M_3$室及$M_4$室基半部各有1枚边缘内凹的白斑,$Cu_2$室中部偏内有1枚倾斜的白斑,亚外缘具有1列模糊的白斑;后翅亚基部、中部及外中部各有1条白色横带,其中亚基部的横带通过中室前缘与中带相连,中带沿各翅脉与外侧带相连,外侧带沿翅脉向外具有辐射状的白条。翅反面斑纹与正面相似,但翅脉为白色,亚外缘斑列更为发达,前翅2A室及后翅前缘为白色。

**寄主** 蔷薇科(Rosaceae)的高粱泡(*Rubus lambertianus*)和木莓(*R. swinhoei*)等植物。

**发生期** 一年多代,成虫多见于4—11月。

## 5.2.4 黑弄蝶属 *Daimio* Murray, 1875

### 5. 黑弄蝶 *Daimio tethys* (Ménétriés, 1857)

中型弄蝶。翅正面呈黑色，前翅中室端有1枚大白斑，上方有1枚小白斑，亚顶区$R_3$室至$R_5$室有3枚相连的白斑，$M_1$室及$M_2$室各有1枚小白斑，$M_3$室至$Cu_2$室各有1枚较大的白斑；后翅具有较宽的白色中带，其外侧有1列黑色圆斑，$Cu_1$室的黑斑嵌入白色中带内。反面与正面相似，但后翅基半部呈灰白色，有数枚黑斑。

**寄主** 薯蓣科(Dioscoreaceae)的薯蓣(*Dioscorea polystachya*)等植物。

**发生期** 一年多代，成虫多见于3—11月。

# 5.3　弄蝶亚科 Hesperiinae

## 5.3.1　锷弄蝶属 *Aeromachus* de Nicéville, 1890

### 6. 河伯锷弄蝶 *Aeromachus inachus* (Ménétriés, 1859)

小型弄蝶。翅的正面呈黑褐色，前翅中部有1枚小白斑，外中区有1排小白斑，雄蝶的$Cu_2$室中部有性标。反面前翅与正面相似，但具有1列亚外缘斑，后翅呈黑褐色，覆盖着黄褐色的鳞片，翅脉为黄褐色，在亚基部、中区和亚外缘各有1列小白斑，白斑两侧是黑色的。

**寄主**　禾本科（Gramineae）的芒（*Miscanthus sinensis*）等植物。

**发生期**　一年多代，成虫多见于5—10月。

## 5.3.2 黄斑弄蝶属 *Ampittia* Moore, [1882]

### 7. 黄斑弄蝶 *Ampittia dioscorides* (Fabricius, 1793)

中型弄蝶。雄蝶正面翅膀为黑褐色，上有黄色斑纹，前翅前缘具有1条状斑，连接到中室内的弓形斑，外侧与亚顶区平行四边形黄斑相接，$M_3$室及$Cu_1$室有2枚挨着的条斑，$Cu_2$室下半部有1枚小斑；后翅外中区有1列宽阔的黄斑。反面前翅近似于正面，但$Cu_1$室上方有亚外缘斑，翅外缘是黄色；后翅为黄色，基部有数枚黑褐色斑，外中区和亚外缘各有1列模糊的黑褐色斑。雌蝶与雄蝶相似，但正面前缘仅分布黄色鳞，中室斑较小，前后翅外中斑列各斑略窄。

**寄主** 禾本科(Gramineae)的李氏禾(*Leersia hexandra*)等植物。

**发生期** 一年多代，成虫多见于5—7月。

## 8. 钩形黄斑弄蝶 *Ampittia virgata* (Leech, 1890)

中型弄蝶。雄蝶前翅正面为黑褐色，带有橙黄色的斑纹，中室内有上下2枚楔形斑，下斑较长，两斑外侧相连，翅前缘有1条状斑，同时$R_1$室及$R_2$各有1条斑，亚顶区$R_3$室到$R_5$室有3枚相连的斑，$M_3$室及$Cu_1$室各有1枚斑，$Cu_2$室中部靠内至2A室有一黑色性标，性标内侧区域被橙黄色鳞片；后翅中部具橙黄色鳞毛，外中区$Cu_1$室及$M_3$室各有1枚斑。翅反面与正面斑纹接近，但前后翅具黄色外缘线及亚外缘线，沿翅脉具黄色放射状条纹，前翅$Cu_2$室中部有1枚模糊的浅黄色斑，后翅基半部为黄色。雌蝶与雄蝶近似，但前翅$Cu_2$室外侧具上下2枚黄色斑。

**寄主** 禾本科（Gramineae）的芒（*Miscanthus sinensis*）和稻（*Oryza sativa*）等植物。

**发生期** 一年多代，成虫多见于4—11月。

## 5.3.3 讴弄蝶属 *Onryza* Watson, 1893

### 9. 讴弄蝶 *Onryza maga* (Leech, 1890)

中小型弄蝶。雄蝶的前翅正面为黑褐色,带有黄色的斑纹,前翅基部布满黄色细毛,中室内具有上下2枚斑,上斑较短,下斑较长,向内尖出,亚顶角$R_3$室至$R_5$室有3枚并列的小斑,$M_3$室及$Cu_1$室各有1枚斑;后翅基半部也被黄色毛,$Cu_1$室及$M_3$室各具有2枚矩形斑。在翅反面,前翅的前缘、顶角、中室基部以及后翅都覆盖着黄色鳞片,前翅的斑纹浅黄色,与正面相似,$Cu_1$室上方有黄色的亚外缘线和外缘线;后翅2A室呈黑褐色,在基部向外有4列小黑斑。

**寄主** 禾本科(Gramineae)的芒(*Miscanthus sinensis*)等植物。

**发生期** 一年多代,成虫多见于3—11月。

## 5.3.4 谷弄蝶属 *Pelopidas* Walker, 1870

### 10. 隐纹谷弄蝶 *Pelopidas mathias* (Fabricius, 1798)

中型弄蝶。翅正面呈黑褐色,覆盖着黄褐色的鳞毛,前翅上有2枚白色的中室斑,亚顶角$R_3$室至$R_5$各有1枚小白斑,其中$R_5$室的白斑向外延伸,$M_2$室至$Cu_1$室各有1枚小白斑,雄蝶$Cu_2$室中部有1枚倾斜的灰色性标,而雌蝶则具有1到2枚白斑。翅膀反面呈黄褐色,前翅下半部为黑褐色,斑纹与正面相似,雄蝶在正面性标对应位置处有1枚模糊的灰白色斑;后翅中室有1枚小白点,外中区有1列小白点。以幼虫形态越冬。

**寄主** 禾本科(Gramineae)的狗尾草(*Setaria viridis*)和牛筋草(*Eleusine indica*)等植物。

**发生期** 一年多代,成虫多见于3—12月。

## 11. 中华谷弄蝶 *Pelopidas sinensis* (Mabille, 1877)

中型弄蝶。翅正面呈黑褐色，前后翅的基部和后翅内缘被黄褐色的毛覆盖。前翅中室内有2枚错开排列的白斑，亚顶角$R_3$室至$R_5$室有3枚小白斑，其中$R_5$室的1枚偏向外侧，$R_2$室到$Cu_1$室有1列逐渐增大的白斑，雄蝶的$Cu_2$室具有一处倾斜的性标，而雌蝶则具有上下2枚倾斜排列的白斑；后翅外中区有1列小白斑，其中$Cu_1$室及R2室2枚较为微弱。翅膀反面为黄褐色，$Cu_1$室至2A室为黑褐色，斑纹与正面相似，雄蝶$Cu_2$室与正面性标对应位置有一处模糊的灰白色斑；后翅中室有1枚小白斑，外中区$Cu_1$室至$R_2$室有1列小白斑。

**寄主**　禾本科(Gramineae)的芒(*Miscanthus sinensis*)和象草(*Pennisetum purpureum*)等植物。

**发生期**　一年多代，成虫多见于4—10月。

## 5.3.5 刺胫弄蝶属 *Baoris* Moore, [1881]

### 12. 黎氏刺胫弄蝶 *Baoris leechii* Elwes et Edwards, 1897

中型弄蝶。翅正面为黑褐色，前翅中室内有上下2枚白斑，亚顶角$R_3$室至$R_5$室有3枚小白斑，其中$R_5$室的1枚偏向外侧，$M_2$室至$Cu_1$室基部有1列逐渐增大的白斑，雌蝶在$Cu_2$室后缘有1枚小白斑；而雄蝶的后翅基部具有一簇褐色毛。翅膀反面为黄褐色，前翅$Cu_2$室及2A室中部呈灰白色，后角及基部为黑褐色，斑纹与正面相似；后翅无斑。

**寄主** 禾本科(Gramineae)及竹亚科(Bambusoideae)的植物。

**发生期** 一年多代，成虫多见于4—11月。

## 5.3.6 稻弄蝶属 *Parnara* Moore, [1881]

### 13. 直纹稻弄蝶 *Parnara guttata* (Bremer et Grey, [1852])

中型弄蝶。翅正面呈现黑褐色，前翅中室内有上下2枚条状短白斑，其中上侧白斑总是稳定存在，亚顶角$R_3$室至$R_5$室有3枚小白斑，而$M_2$室至$Cu_1$室则有1列依次增大的白斑；后翅外中区有4枚矩形白斑。反面翅的底色为黄褐色，前翅中室后缘、$Cu_1$室基半部、$Cu_2$室及2A室为黑褐色，斑纹与正面相似，后翅$R_2$室有时具1枚小白斑。

**寄主** 禾本科(Gramineae)的水稻(*Oryza sativa*)和李氏禾(*Leersia hexandra*)等植物。

**发生期** 一年多代，成虫多见于3—11月。

## 14. 粗突稻弄蝶 *Parnara batta* Evans, 1949

中小型弄蝶。与直纹稻弄蝶非常相似，但个体较小，前翅中室斑较小，下中室斑有时会消失，后翅白斑较小，近圆形，有时甚至会退化。在雄性外生殖器上，这两种蝴蝶有比较稳定的区分，分子证据也支持本种独立。

**寄主** 禾本科(Gramineae)的水稻(*Oryza sativa*)等植物。

**发生期** 一年多代，成虫多见4—11月。

## 5.3.7 孔弄蝶属 *Polytremis* Mabille, 1904

### 15. 刺纹孔弄蝶 *Polytremis zina* (Evans, 1932)

中型弄蝶。雄蝶翅正面呈现黑褐色，前翅中室内有上下2枚白斑，其中下侧白斑较长且向内突出，亚顶角$R_3$室至$R_5$室有3枚小白斑，$M_2$室至$Cu_1$室有1列依次增大的白斑，而$Cu_2$室中部后缘有1枚小白斑；后翅外中域$Cu_1$室至$M_1$室有1列白斑。反面为棕黄色，前翅后半部为黑褐色，斑纹与正面相似。雌蝶与雄蝶近似，但翅型稍圆，前翅中室内上下2枚白斑并列且长度相当。

**寄主**　禾本科(Gramineae)的芒(*Miscanthus sinensis*)等植物。

**发生期**　一年1代，成虫多见于6—8月。

## 16. 黄纹孔弄蝶 *Polytremis lubricans* (Herrich-Schäffer, 1869)

中型弄蝶。翅正面为黑褐色，前后翅基部及后翅中部有黄褐色毛，斑纹为黄白色，具体斑纹包括前翅中室内的上下2枚小斑，亚顶角$R_3$室至$R_5$室的3枚小斑，$M_2$室至$Cu_1$室的1列依次增大的斑，其中$Cu_1$室斑非常宽，$Cu_2$室后缘具1枚小斑；后翅外中区$Cu_1$室至$R_2$室有1列小斑，其中$M_2$室斑较长，$Cu_1$室、$M_3$室及$R_1$室的白斑常退化。反面为棕黄色，前翅后半部为黑褐色，斑纹与正面相似。

**寄主** 禾本科(Gramineae)的鸭嘴草(*Ischaemum aristatum*)等植物。

**发生期** 一年多代，成虫在亚热带地区多见于5—10月，热带地区几乎全年可见。

## 5.3.8 黄室弄蝶属 *Potanthus* Scudder, 1872

### 17. 孔子黄室弄蝶 *Potanthus confucius* (Felder et Felder, 1862)

中小型弄蝶。翅正面黑褐色,上面点缀着明亮的黄色斑纹。在前翅中室内,有2枚楔形斑,它们外侧相连,并且前缘有1条状斑,从$R_3$室至$Cu_2$室有1列醒目的黄斑,其中$M_1$室及$M_2$室的黄斑向外延伸,$M_2$室黄斑下缘与$M_3$室黄斑上缘具重叠部分,后缘具有1条黄色条斑;后翅中室及$R_1$室各有1枚黄斑,而外中区则呈现出1条曲折的黄色带。翅膀反面的前翅与正面相似,但$Cu_2$脉上方亚外缘区呈现黄色;而后翅的各黄斑两侧均具有黑褐色阴影状斑,2A室有一片黑褐色区域,而其余部分则呈现出黄色。

**寄主** 禾本科(Gramineae)的毛马唐(*Digitaria ciliaris*)、白茅(*Imperata cylindrica*)和芒(*Miscanthus sinensis*)等植物。

**发生期** 一年多代,成虫多见于5—10月。

## 5.3.9 赭弄蝶属 *Ochlodes* Scudder, 1872

### 18. 白斑赭弄蝶 *Ochlodes subhyalina* (Bremer et Grey, 1853)

中型弄蝶。雄蝶的翅正面呈现出黑褐色，中室端部具有2枚半透明的白斑，亚顶区$R_3$室至$R_5$室附近则有3枚半透明的白斑。$M_1$室至$Cu_1$室之间延伸着1列半透明的白斑，而$Cu_2$室中部则有1枚橙色斑。$Cu_1$脉基部至2A脉基半部具有粗大的性标，中央为黑灰色，边缘为黑色；后翅中室内有1枚橙色斑，而在外中域$Cu_1$室至$R_2$室之间也有1列橙色斑。翅反面呈现黄褐色，前翅中室下方、后角及后缘具有黑褐色区域，斑纹与正面相似。雌蝶与雄蝶相似。

**寄主**　香附子(*Cyperus rotundus*)、求米草(*Oplismenus undulatifolius*)和川上短柄草(*Brachypodium kawakamii*)等植物。

**发生期**　一年1代，成虫多见于6月。

## 19. 黄赭弄蝶 *Ochlodes crataeis* (Leech, 1893)

中小型弄蝶。雄蝶翅正面黑褐色，基半部为黄褐色。前翅中室端部有2枚白斑，亚顶角$R_3$室至$R_5$室有3枚小白斑，而$M_3$室及$Cu_1$室各有1枚白斑，$Cu_2$室中部有1枚橙色斑，$Cu_1$室及$Cu_2$室具有灰色性标，在$Cu_2$脉处断开，性标两侧为黑色，后翅基部及中域被黄褐色鳞毛，外中区$Cu_1$室、$M_3$室及Rs室各有1枚近方形橙黄色斑。反面呈棕黄色，前翅后半部为黑褐色，前后翅的斑纹为白色，排列方式与正面相似。

**寄主**　禾本科(Gramineae)植物。

**发生期**　一年1代，成虫多见于7月。

# 参考文献

[1] 潘朝晖,武春生,罗大庆.西藏蝴蝶图鉴[M].郑州:河南科学技术出版社,2021.
[2] 《安徽植物志》协作组.安徽植物志:第一卷[M].合肥:安徽科学技术出版社,1985.
[3] 《安徽植物志》协作组.安徽植物志:第二卷[M].合肥:安徽科学技术出版社,1987.
[4] 《安徽植物志》协作组.安徽植物志:第三卷[M].合肥:安徽科学技术出版社,1990.
[5] 《安徽植物志》协作组.安徽植物志:第四卷[M].合肥:安徽科学技术出版社,1991.
[6] 《安徽植物志》协作组.安徽植物志:第五卷[M].合肥:安徽科学技术出版社,1992.
[7] 曹万友.黄山地区蝶类初步调查[J].华东昆虫学报,2001,10(1):20-22.
[8] 郭凯鑫,朱诗嘉,王亚东,等.安徽省蛱蝶科Nymphalidae两种新纪录[J].滁州学院学报,2024,26(02):29-32.
[9] 贾凤海,甄文全,诸立新,等.蝴蝶与花儿[M].北京:电子工业出版社,2019.
[10] 李传隆,朱宝云.中国蝶类图谱[M].上海:上海远东出版社,1992.
[11] 李泽建.浙江天目山蝴蝶图鉴[M].北京:中国农业科学技术出版社,2019.
[12] 孟绪武.安徽省昆虫名录[M].合肥:中国科学技术大学出版社,2003.
[13] 欧永跃,诸立新.安徽省蝶类新记录[J].四川动物,2008(1):69-69.
[14] 欧永跃,诸立新.安徽省蝶类资源和可持续利用[J].野生动物,2008,29(1):32-39.
[15] 任国栋.浙江昆虫志[M].北京:科学出版社,2023.
[16] 舒玉,虞磊,张世奇,等.安徽省蝶类三个新记录种[J].广西林业科学,2021,50(3):359-361.
[17] 王翠莲.皖南山区蝴蝶资源调查研究[J].安徽农业大学学报,2007,34(3):446-450.
[18] 王敏,范骁凌.中国灰蝶志[M].郑州:河南科学技术出版社,2002.
[19] 王松,鲍成满,鲍方印,等.禅窟寺国家森林公园蝴蝶多样性[J].安徽技术师范学院学报,2004,18(1):15-18.
[20] 王松,鲍方印,鲍成满,等.安徽韭山国家森林公园蝶类群落多样性[J].昆虫知识,2010,47(1):183-189.
[21] 王松,鲍方印,梅百茂,等.安徽鹞落坪国家级自然保护区蝶类的垂直分布及其群落多样性[J].应用生态学报,2009,20(9):2262-2270.
[22] 王松,李小二,鲍方印,等.皇甫山蝶类分布规律的研究[J].安徽技术师范学院学报,2002,16(3):42-44.
[23] 王松,李允东.皇甫山蝶类资源及区系的研究[J].生物学杂志,2001,18(1):24-26.
[24] 王松,梅百茂,鲍方印,等.鹞落坪国家级自然保护区蝶类多样性[J].昆虫知识,2003,40(6):542-545.

[25] 王亚东,吴金慧子,吴婧婧,等.安徽省蝶类新纪录:2016—2019年[J].滁州学院学报,2022,24(05):9-16.

[26] 王治国,李贻耀,牛瑶.中国蝴蝶新种记述(Ⅲ)(鳞翅目)[J].昆虫分类学报,2002,24(4):199-202.

[27] 魏忠民,武春生.中国云粉蝶属分类研究(鳞翅目,粉蝶科)[J].动物分类学报,2005,30(4):815-821.

[28] 邬承先,李文杰.中国黄山蝶蛾[M].合肥:安徽科学技术出版社,1997.

[29] 吴云鹤,刘乃一,李文博,等.安徽省蝶类新记录:安灰蝶(Ancemactesia)[J].安徽大学学报(自然科学版),2017,41(1):100-102.

[30] 武春生,徐堉峰.中国蝴蝶图鉴[M].福建:海峡书局,2017.

[31] 武春生.中国动物志:昆虫纲:第二十五卷[M].北京:科学出版社,2010.

[32] 邢济春,颜劲松,郑和权,等.琅琊山蝶类数量调查初报[J].滁州师专学报,2002,4(2):82-83.

[33] 邢济春,诸立新,戴仁怀.安徽马鞍山地区蝶类资源调查及区系分析[J].四川动物,2007,26(4):898-902.

[34] 杨邦和,吴孝兵,诸立新,等.基于COⅡ和EF-1α基因部分序列的中国蝶类科间系统发生关系[J].动物学报,2008(2):233-244.

[35] 杨星科.秦岭昆虫志[M].西安:世界图书出版社,2018.

[36] 虞国跃,王合.北京林业昆虫图谱[M].北京:科学出版社,2018.

[37] 虞磊,李蕤,陈尧,等.安徽省蝶类新记录[J].合肥联合大学学报,2001,11(2):83-85.

[38] 虞磊,李蕤,沈业寿,等.安徽省蝶类分布新记录[J].合肥学院学报:自然科学版,2006,16(2):41-43.

[39] 张松奎,张花青.南京蝴蝶生态图鉴[M].南京:南京师范大学出版社,2018.

[40] 章叔岩,杨淑贞,俞肖剑,等.浙江清凉峰昆虫图鉴300种[M].北京:中国农业科学技术出版社,2021.

[41] 周尧.中国蝶类志[M].郑州:河南科学技术出版社,1994.

[42] 周尧.中国蝴蝶分类与鉴定[M].郑州:河南科学技术出版,1998.

[43] 周尧.中国蝴蝶原色图鉴[M].郑州:河南科学技术出版社,1999.

[44] 朱建青,谷宇,陈志兵,等.中国蝴蝶生活史图鉴[M].重庆:重庆大学出版社,2019.

[45] 朱建青.中国刺胫弄蝶族分类研究[D].上海:上海师范大学,2012.

[46] 诸立新,陈陶晞,许雪峰,等.安徽蝶类二新记录种[J].四川动物,2000,19(2):69-69.

[47] 诸立新,董艳,朱太平,等.天柱山蝴蝶[M].合肥:中国科学技术大学出版社,2019.

[48] 诸立新,华兴宏,欧永跃,等.安徽蝶类研究初报[J].安徽师范大学学报:自然科学版,2001,24(3):243-246.

[49] 诸立新,刘子豪,虞磊,等.安徽蝶类志[M].合肥:中国科学技术出版社,2017.

[50] 诸立新,罗来高.安徽白际山蝶类资源[J].特种经济动植物,2001(1):13-16.

[51] 诸立新,欧永跃,秦思,等.安徽省蝶类新纪录[J].滁州学院学报,2010,12(2):66-67.

[52] 诸立新,欧永跃,许雪峰,等.安徽省蝶类新记录[J].野生动物,2000,21(1):47-47.

[53] 诸立新,孙灏.安徽清凉峰自然保护区蝶类区系结构及垂直分布[J].南京农业大学学报,2002,25(2):115-118.

[54] 诸立新,吴孝兵.琅琊山国家森林公园蝶类多样性[J].昆虫知识,2006,43(2):232-235,225.

[55] 诸立新,颜劲松,郑和权,等.安徽琅琊山蝶类季节变化的研究[J].滁州师专学报,2003,5(4):95-97.

[56] 诸立新,叶要清,杨邦和,等.安徽省蝶类新纪录[J].野生动物,2007,28(1):51-52.

[57] 诸立新,朱太平.安徽天柱山蝴蝶资源[J].野生动物,2000,21(4):36-37.

[58] 诸立新.安徽天堂寨国家级自然保护区蝶类名录[J].四川动物,2005,24(1):47-49.

[59] 诸立新.琅琊山和黄山蝶类的比较研究[J].滁州师专学报,1999,1(2):43,44-47.

[60] 诸立新.皖南山区蝶类资源和可持续利用[J].四川动物,2001,20(1):25-26.

[61] 訾兴中.琅琊山植物志[M].北京:中国林业出版社,1999.

[62] Cong Q, Borek D, Otwinowski Z, et al. Tiger Swallowtail Genome Reveals Mechanisms for Speciation and Caterpillar Chemical Defense[J]. Cell Reports, 2015, 10(6): 910-919.

[63] Espeland M, Hall J P W, DeVries P J, et al. Ancient Neotropical Origin and Recent Recolonisation: Phylogeny, Biogeography and Diversification of the Riodinidae (Lepidoptera: Papilionoidea)[J]. Molecular Phylogenetics and Evolution, 2015, 93: 296-306.

[64] Huang H, Chen Z, Li M. *Ahlbergia confusa* cpec.nov.from SE China. (Lepidoptera: Lycaenidae)[J]. Atalanta, 2006, 37(1/2): 175-183.

[65] Huang H, Xue Y P. The Chinese *Pseudocoladenia* Skippers (Lepidoptera: Hesperiidae)[J]. Neue Ent. Nachr., 2004, 57(13), 161-170.

[66] Huang H, Xue Y P. Notes on Some Chinese Butterflies[J]. Neue Ent.Nachr., 2004, 57: 14, 171-177.

[67] Huang H. Some New Butterflies from China-2 (Lepidoptera: Hesperiidae)[J]. Atalanta, 2002, 33(1/2): 109-122, 226-229.

[68] Huang H, Chen Y C. A New Species of *Ahlbergia* from SE China[J]. Atalanta, 2005, 36(1/2): 161-167.

[69] Huang H, Zhan CH. A New Species of *Ahlbergia* Bryk, 1946 from Guangdong, SE China[J]. Atalanta, 2006, 37(1/2): 168-174.

[70] Huang H, Zhu J Q, Li A M, et al. A Review of the *Deudorix repercussa* (Leech, 1890) Group from China (Lycaenidae, Theclinae)[J]. Atalanta, 2016, 47(1/2): 179-195.

[71] Huang H. Notes on the Genera *Caltoris* Swinhoe, 1893 and *Baoris* Moore, [1881] from China (Lepidoptera: Hesperiidae)[J]. Atalanta, 2011, 42(1/2/3/4): 201-220.

[72] Kawahara A Y, Storer C, Carvalho A P S, et al. Evolution and Diversification Dynamics of Butterflies[J]. bioRxiv, 2022(5), 1-27.

[73] Koiwaya S. Ten New Species and Twenty-four New Subspecies of Butterflies from China, with Notes on Systematic Positions of Five Taxa[J]. Studies of Chinese Butterflies, 1996(3): 168-202.

[74] Nishikawa H, Iijima T, Kajitani R, et al. A genetic mechanism for female-limited Batesian mimicry in Papilio butterfly[J]. Nature Genetics, 2015, 47(4): 405-9.

[75] Wang S, Teng D, Li X, et al. The evolution and diversification of oakleaf butterflies[J]. Cell, 2022, 185(17): 3138-3152.

[76] Yokochi T. Revision of the Subgenus Limbusa Moore, [1897] (Lepidoptera, Nymphalidae, Adoliadini) Part 3 Description of Species 2[J]. Bulletin of the Kitakyushu Museum of Natural History and Human History A Natural History, 2012: 9-100.

[77] Yoshino K. New butterflies from China[J]. Neo Lepidoptera, 1995(1): 1-4.

[78] Yoshino K. New Butterflies from China(3)[J]. Neo Lepidoptera, 1997(2): 1-10.

[79] Yoshino K. New butterflies from China(4)[J]. Neo Lepidoptera, 1998(3): 1-8.

[80] Yoshino K. Notes on some Remarkable Butterflies from South China[J]. Butterflies, 2002(32): 18-23.

[81] Zhang Y L, Xue G X, Yuan F. Descriptions of the Female Genitalia of Three Species of Caltoris (Lepidoptera: Hesperiidae: Baorini) with a Key to the Species from China[J]. Proceedings of the Entomological Society of Washington, 2010, 112(4): 576-584.